DESCOBERTAS REVOLUCIONÁRIAS
IMPACTO DA RESSONÂNCIA MAGNÉTICA NO DIAGNÓSTICO DE NEUROCISTICERCOSE EM PACIENTES COM E SEM EPILEPSIA

Editora Appris Ltda.
1.ª Edição - Copyright© 2024 do autor
Direitos de Edição Reservados à Editora Appris Ltda.

Nenhuma parte desta obra poderá ser utilizada indevidamente, sem estar de acordo com a Lei nº 9.610/98. Se incorreções forem encontradas, serão de exclusiva responsabilidade de seus organizadores. Foi realizado o Depósito Legal na Fundação Biblioteca Nacional, de acordo com as Leis nos 10.994, de 14/12/2004, e 12.192, de 14/01/2010.

Catalogação na Fonte
Elaborado por: Josefina A. S. Guedes
Bibliotecária CRB 9/870

A633d
2024
	António, Job Monteiro Chilembo Jama
	    Descobertas revolucionárias: impacto da ressonância magnética no diagnóstico de neurocirsticercose em pacientes com e sem epilepsia / Job Monteiro Chilembo Jama António. – 1. ed. – Curitiba: Appris, 2024.
	    114 p. ; 21 cm. – (Multidisciplinaridade em saúde e humanidades).
	
	    Inclui referências.
	    ISBN 978-65-250-5842-9
	
	    1. Neurocisticercose. 2. Hipocampo – Atrofia. 3. Edema. 4. Imagem de ressonância magnética. 5. Epilepsia. I. Título. II. Série.
	
	                                                                                                                      CDD – 616.8

Livro de acordo com a normalização técnica da ABNT

Appris
editora

Editora e Livraria Appris Ltda.
Av. Manoel Ribas, 2265 – Mercês
Curitiba/PR – CEP: 80810-002
Tel. (41) 3156 - 4731
www.editoraappris.com.br

Printed in Brazil
Impresso no Brasil

Job Monteiro Chilembo Jama António

DESCOBERTAS REVOLUCIONÁRIAS

IMPACTO DA RESSONÂNCIA MAGNÉTICA NO DIAGNÓSTICO DE NEUROCISTICERCOSE EM PACIENTES COM E SEM EPILEPSIA

FICHA TÉCNICA

EDITORIAL	Augusto Coelho
	Sara C. de Andrade Coelho
COMITÊ EDITORIAL	Marli Caetano
	Andréa Barbosa Gouveia - UFPR
	Edmeire C. Pereira - UFPR
	Iraneide da Silva - UFC
	Jacques de Lima Ferreira - UP
SUPERVISOR DA PRODUÇÃO	Renata Cristina Lopes Miccelli
ASSESSORIA EDITORIAL	Jibril Keddeh
REVISÃO	Stephanie Ferreira Lima
PRODUÇÃO EDITORIAL	Daniela Nazario
DIAGRAMAÇÃO	Andrezza Libel
CAPA	Jhonny Alves
REVISÃO DE PROVA	Jibril Keddeh

COMITÊ CIENTÍFICO DA COLEÇÃO MULTIDISCIPLINARIDADES EM SAÚDE E HUMANIDADES

DIREÇÃO CIENTÍFICA	Dr.ª Márcia Gonçalves (Unitau)
CONSULTORES	Lilian Dias Bernardo (IFRJ)
	Taiuani Marquine Raymundo (UFPR)
	Tatiana Barcelos Pontes (UNB)
	Janaína Doria Líbano Soares (IFRJ)
	Rubens Reimao (USP)
	Edson Marques (Unioeste)
	Maria Cristina Marcucci Ribeiro (Unian-SP)
	Maria Helena Zamora (PUC-Rio)
	Aidecivaldo Fernandes de Jesus (FEPI)
	Zaida Aurora Geraldes (Famerp)

A Deus, fonte de toda criação, sustentação e domínio, o Alfa e o Ômega.

Aos meus pais, José Manuel Jama António e Juventina Salomé Job Chilembo, por me ensinarem que na vida até o acaso deve ser conquistado com esforço e dedicação.

À minha esposa, Helga Pinheiro Jama António, pela amizade, cumplicidade e por estar comigo em todos os momentos.

Ao meu filho, Job Wotchily Pinheiro Jama António, pelos inúmeros sorrisos matinais, impulsionadores de dias graciosos e de regressos triunfais à casa.

Aos meus irmãos, Fernanda de Jesus Jama António, Marlene Mariana Jama António, Arcanjo Miguel Jama António e Antunes Augusto Jama António, pela amizade sincera e por acreditarem em mim antes de qualquer um.

Ao meu avô materno (in memoriam), por ensinar-me que o caráter e a reputação devem sempre caminhar juntos.

AGRADECIMENTOS

Ao professor Fernando Cendes, pelas oportunidades, pela paciência, pelo seu grande empenho em ajudar-me nos mais diversos assuntos e, acima de tudo, pela simplicidade do caráter que, por si só, constitui um verdadeiro ensinamento.

Ao professor Miguel Santana Bettencourt Mateus, por apoiar-me na decisão de trilhar novos caminhos.

À Dr.ª Clarissa Yasuda, pela disponibilidade e por integrar-me em todas as atividades do serviço.

À Dr.ª Márcia Morita, por abraçar a ideia do projeto desde o início.

A todo corpo docente da Neurologia, em especial, aos professores e responsáveis pelos ambulatórios (Dr. Carlos Guerreiro, Dr. Marcondes, Dr.ª Tânia, Dr. Benito, Dr. Li Li Min, Dr. Baltazar, Dr. Alberto, Dr. Wagner, Dr.ª Ana Carolina Coan, Dr.ª Paula), por permitirem que eu fizesse parte da equipe médica da neurologia.

Ao professor Chico Haoki, por facilitar a minha integração no programa de cooperação internacional entre Angola e Brasil.

Aos colegas angolanos residentes no Brasil, em especial, ao Rúben Caivala (mais velho), Joaquim Ukuessenje (mais velho), Filomena Samianza (sempre na luta), Hernani (mais velho), Francisco Lupambo (Frank), pelos momentos de "angolanidade" na diáspora.

A toda a equipe do LNI, em especial, à Luciana e à Lilian, pelos préstimos que preço algum pode pagar.

A toda a equipe do ambulatório de epilepsia, em especial, aos colegas Bruno, Nancy, Fabio, Marina, Natália, Letícia, pelos anos de amizade.

Aos familiares, aos amigos antigos e novos, em especial, ao Hebel Urquia, pela amizade sincera e pelos inúmeros convívios partilhados em família.

A todos os profissionais do HC – Unicamp, pela simpatia e pelo respeito mútuo.

À Capes, pelo suporte financeiro para o desenvolvimento do projecto, envolvendo paciente com neurocisticercose.

Quando já não estiver entre vós, gostaria que alguém mencionasse aquele dia em que decidi dedicar a minha vida ao serviço dos enfermos, o dia em que decidi amar os outros como a mim mesmo, o dia que tentei ser honesto e caminhar com o próximo... amar e servir a humanidade. Sim, se quiserem dizer algo nesse dia, digam que eu fui arauto da justiça, da paz, do direito... só quero deixar atrás de mim uma vida de dedicação. Se eu puder ajudar alguém a seguir adiante, aliviar a sua dor, mostrar o caminho certo, cumprir o meu dever de médico e pesquisador, salvar a vida de alguém, cumprir o juramento de Hipócrates, buscar permanentemente pelo verdadeiro conhecimento, então a minha vida não terá sido em vão.

(adaptado do último discurso de M. Luther King)

LISTA DE ABREVIATURAS E SIGLAS

NCC	Neurocisticercose
NCCc	Neurocisticercose calcificada
SNC	Sistema Nervoso Central
AH	Atrofia de hipocampo
RM	Ressonância Magnética
TC	Tomografia computadorizada
ELTM	Epilepsia de Lobo Temporal Mesial
ELTM-AH	Epilepsia de Lobo Temporal Mesial com Atrofia de Hipocampo
CDC	Center for Disease Control
DTN	Doença Tropical Negligenciada
LCR	Líquido cefalorraquidiano
DAE	Drogas antiepiléticas
CEP	Comitê de ética e pesquisa
EH	Esclerose hipocampal
LTM	Lobo Temporal Mesial
ELTM-EH	Epilepsia de Lobo Temporal Mesial com Esclerose Hipocampal
HC-UNICAMP	Hospital de Clínicas da Universidade Estadual de Campinas
EITB	Enzyme-Linked Immunoelectrotransfer - Blot
ELISA	Enzyme-Linked Immunosordent Assay
WHO	World Health Organization
LNI	Laboratório de Neuroimagem
volBrain	automated MRI Brain volumetry system

SUMÁRIO

1 INTRODUÇÃO 17
1.1 Neurocisticercose 17
1.2 Aspectos históricos 17
1.3 Etiologia e Morfologia 18
1.4 Ciclo evolutivo do Complexo Teníase – Cisticercose 19
1.5 Cisticercose Humana 20
1.6 Aspectos epidemiológicos 24
1.7 Manifestações clínicas 25
1.8 Epilepsia e neurocisticercose 27
1.9 Diagnóstico de neurocisticercose 31
1.10 Neurocisticercose e neuroimagem 32
1.11 Tratamento da neurocisticercose 35
1.12 Neurocisticercose associada à esclerose hipocampal ... 37
1.13 Justificativa 39
1.14 Hipótese 40

2 OBJETIVOS 41
2.1 Objetivo geral 41
2.2 Objetivos específicos 41

3 METODOLOGIA 43
3.1 Aspectos éticos 43
3.2 Identificação dos pacientes 43
3.3 Dados clínicos e definições 44
3.4 Grupo controle 45
3.5 Aquisição e análise de exames de RM 46
   3.5.1 Protocolo de aquisição de RM 47
   3.5.2 Análise volumétrica dos hipocampos 47

3.6 Análise visual das imagens 49
   3.6.1 Interpretação dos achados da RM 50
3.7 Análise estatística 50

4
RESULTADOS 53
4.1 CAPÍTULO 1: Neurocisticercose e atrofia hipocampal: achados de RM e evolução de cistos viáveis ou calcificados em pacientes com neurocisticercose 53
   4.1.1 Resumo 53
   4.1.2 Introdução 54
   4.1.3 Metodologia 54
      4.1.3.1 Aspectos éticos 54
      4.1.3.2 Dados clínicos 54
   4.1.4 Protocolo de imagem de RM e análise visual 56
   4.1.5 Volumetria do hipocampo 57
   4.1.6 Análise visual das imagens 60
   4.1.7 Análise estatística 60
   4.1.8 Resultados 60
      4.1.8.1 Análise dos casos 64
      4.1.8.2 Localização das calcificações 64
      4.1.8.3 Número de Calcificações 64
      4.1.8.4 Manifestações Clínicas 64
      4.1.8.5 Atrofia do Hipocampo 64
      4.1.8.6 Ocorrência de crises epilépticas 65
      4.1.8.7 Análise visual do exame de Ressonânica Magnética 65
      4.1.8.8 Evolução dos pacientes com cistos ativos 66
   4.1.9 Discussão 68
   4.1.10 Conclusões 72
   4.1.11 Referências 73
4.2 CAPÍTULO 2: O edema perilesional intermitente e o realce pelo contraste na epilepsia com neurocisticercose calcificada podem ajudar a identificar a área focal da crise 79
   4.2.1 Resumo 79
   4.2.2 Introdução 80

4.2.3 Relato de caso 80
4.2.4 Discussão..82
4.2.5 Conclusão...84
4.2.6 Referências 84
4.3 CAPÍTULO 3: Características e evolução de pacientes submetidos à lesionectomia de cisticerco calcificado. 87
4.3.1 Introdução..87
4.3.2 Descrição dos pacientes...88
4.3.3 Evolução clínica..89
4.3.4 Discussão..91
4.3.5 Conclusão...92
4.3.6 Referências 92

5
DISCUSSÃO GERAL.. 93
5.1 Relevância e originalidade do estudo 93
5.2 Limitações do estudo... 100

6
CONCLUSÕES... 103

7
REFERÊNCIAS... 105

INTRODUÇÃO

1.1 Neurocisticercose

A Neurocisticercose (NCC) é a infecção parasitária mais comum do sistema nervoso central (SNC), causada pela forma larval da *Taenia solium*, o cisticerco cellulosae (1, 2). Uma causa frequente de crises epilépticas reativas e de epilepsia em todo mundo (3). De uma forma geral, o ciclo da doença compreende o homem como hospedeiro definitivo da *Taenia solium* e os suínos como intermediários (4). Entretanto, o homem adquire a NCC, quando se comporta como hospedeiro intermediário (1).

A cisticercose constitui grave problema de saúde pública em várias regiões da Ásia, África e América Latina, particularmente nos países em desenvolvimento, onde a precariedade das condições sanitárias e o baixo nível socioeconômico e cultural facilitam a sua disseminação (5, 6).

1.2 Aspectos históricos

As primeiras descrições documentadas sobre a infecção parasitária remontam da Medicina Egípcia (7).

Aristóteles foi o primeiro a referir a presença de cisticercos em animais, entre 389 a 375 a.C. (8). Na Grécia antiga, a doença era conhecida como uma enfermidade dos suínos (9).

Na medicina moderna, o primeiro caso de cisticercose humana foi descrito no século XVI, mas somente na segunda metade do século XIX é que pesquisadores alemães demonstraram que a responsável pela doença era a forma larvária da *Taenia solium*. A partir daí, o ciclo de vida do parasita ficou melhor conhecido, inclusive os papéis do homem e dos animais na propagação da doença (8).

A primeira referência de cisticercose humana na literatura brasileira foi relatada em 1881, na Bahia, e depois, em 1916, foram descritos 123 casos de neurocisticercose observados em necropsia (10).

A NCC passou a ser considerada como um problema de saúde pública, depois da segunda metade do século XX, quando investigadores britânicos reconheceram a doença entre soldados que retornavam da Índia (9).

Hoje, a NCC representa um grave problema de saúde pública em várias regiões, sendo em algumas considerada endêmica (11).

1.3 Etiologia e Morfologia

A *Taenia solium* é um enteroparasita pertencente ao filo Platyhelminthes, à classe Cestoda, à família Taeniidae, ao gênero Taenia e à espécie solium (8).

Na sua forma adulta, a *Taenia solium* mede normalmente 2-4 metros de comprimento e é constituída por escólex (cabeça), colo (pescoço) e estróbilo (corpo) (9). Os adultos vivem em média três anos, podendo viver até 25 anos, albergados no tubo digestivo do homem (4).

Figura 1. Ilustração da *Taenia solium* adulta

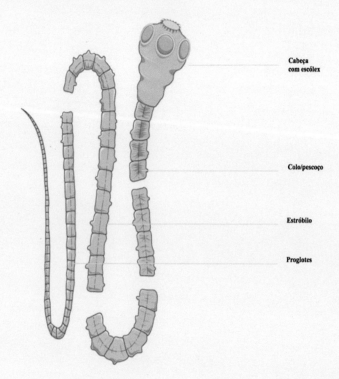

Fonte: Medical art, 2018.

1.4 Ciclo evolutivo do Complexo Teníase – Cisticercose

A teníase é a doença determinada pelos adultos hermafroditas da *Taenia solium* que se alojam no jejuno, porção anterior do intestino delgado do homem (4). É causada pela ingestão de carne de porco infectada, contendo larvas do parasita, o cisticerco cellulosae (12).

Os adultos da *T. solium* podem possuir até cerca de 800 proglotes (4). Nestas, quando maduras, a fecundação ocorre no oviduto pelos espermatozoides que estão estocados no receptáculo seminal, pois os órgãos sexuais masculinos atrofiam-se após a produção de espermatozoides, assim, os ovos evoluem e embrionam ainda no interior do útero (4).

As últimas proglotes, após a reprodução, tornam-se grávidas e se soltam por apólise, sendo eliminadas para o meio exterior por meio da defecação, em número de três a seis segmentos por vez (4).

Cada proglote gravídica da *Taenia solium* alberga cerca de 50.000 ovos, podendo conter entre 30 mil a 80 mil ovos que vão ao ambiente contaminar águas, alimentos e pastagens (4). Os ovos são ingeridos pelos hospedeiros intermediários que naturalmente são os suínos, mas que, acidentalmente, pode ser o homem (9).

Devido aos hábitos coprófagos, os suínos normalmente infestam-se maciçamente ao ingerir as proglotes gravídicas eliminadas pelas fezes humanas (4). No tubo digestivo do hospedeiro intermediário, sob a ação do suco gástrico e biliar o embrião hexacanto ou oncosfera abandona o embrióforo e é liberada na luz do intestino delgado (12). Por meio dos acúleos, penetra ativamente na parede intestinal e, por meio da corrente linfo-hematogênica, é carregado para diversos sítios anatômicos, mas principalmente para o músculo cardíaco do suíno (4).

Os seres humanos são contaminados pelos suínos ao ingerirem a carne de porco mal-cozida ou crua que contenha o cisticerco que, quando ingerido, sofre ação das enzimas digestivas (13, 14). O escólex invagina-se e se fixa na mucosa do intestino delgado por meio das ventosas e acúleos. Após divisão celular, transformam-se em tênia adulta, que posteriormente elimina proglotes gravídicas contendo milhares de ovos e, assim, o ciclo reinicia (5).

1.5 Cisticercose Humana

O homem pode atuar como hospedeiro intermediário, nesse caso, a contaminação humana com ovos da *Taenia solium* processa-se por (7, 8):

- Autoinfecção externa, em indivíduos portadores de teníase, quando, por meio de mãos contaminadas ou pela coprofagia, levam para boca proglotes e ovos da sua própria tênia;

- Heteroinfecção, ocorre quando indivíduos ingerem água ou alimentos, particularmente verduras cruas, contaminados com os ovos da *T. Solium*, eliminados no meio ambiente por portadores;

- Autoinfecção interna pode ocorrer por retro-peristaltismo do intestino, possibilitando a presença de proglotes gravídicas ou ovos no estômago. Estes retornariam ao intestino delgado, e as oncosferas liberadas fariam a invasão da mucosa intestinal, desenvolvendo o ciclo autoinfectante.

Essa última forma tem maior importância clínica, pela grande quantidade de oncosferas que fazem a infeção (4).

A oncosfera, ao atingir a sua localização final, sofre um processo de vesiculação e perde os seus acúleos, na parede da vesícula, forma-se internamente o escólex invaginado do futuro adulto, o cisticerco Cellulosae (5).

Enquanto a cisticercose suína acomete principalmente a musculatura estriada, no homem, o sistema nervoso revela-se a localização mais importante, por sua frequência e gravidade, atinge cerca de 90% dos casos de cisticercose (15). Daí, a denominação de Neurocisticercose (16).

Uma vez estabelecidos os cistos larvais, por meio de mecanismos de evasão imunológica (inibição do complemento, liberação de citocinas e mascaramento de imunoglobulinas hospedeiras), evitam ativamente a resposta imune do hospedeiro (9).

Figura 2. Ilustração do ciclo biológico e evolutivo da *Taenia Solium*

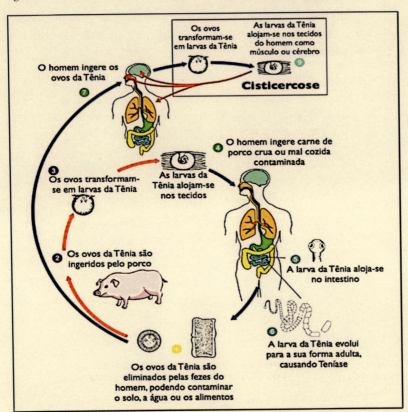

Fonte: Sousa, 2014.

Morfologicamente, o cisticerco pode apresentar-se sob duas formas: a cística ou vesicular, contendo escólex em seu interior, conhecida como Cisticerco cellulosae (Figura 3) e, em cachos com numerosas vesículas, mas sem o escólex, denominada cisticerco racemosos (5) (Figura 5).

O cisticerco pode se manter viável durante anos no SNC humano, até sofrer modificações anatômicas e fisiológicas que levam a degeneração dos cistos até a calcificação completa (9).

Os principais estágios dos cisticercos são os seguintes (12, 16):

- Estágio vesicular (cisto viável): os parasitas possuem uma membrana vesicular e transparente, líquido claro e hialino, e escólex invaginado normal. Pode permanecer viável por longos anos;
- Estágio coloidal: apresenta líquido vesicular turvo em degeneração hialina/alcalina. O parasita entra em um processo de degeneração como resultado de um ataque imunológico do hospedeiro, os cistos são rodeados por uma espessa camada de colágeno e o parênquima cerebral circundante mostra gliose astrocítica e edema difuso;
- Estágio granular: observa-se parede (membrana) espessa. Marca o início de deposição de cálcio, e o escólex é transformado em grânulos mineralizados;
- Estágio granular calcificado: o citicerco apresenta-se calcificado e de tamanho reduzido.

Quando os parasitas entram nos estágios granulares e calcificados, o edema diminui, mas as alterações astrocíticas nas proximidades das lesões podem tornar-se mais intensas do que nos estágios precedentes (10).

Figura 3. Representação esquemática dos estágios da evolução do cisticerco no cérebro: A= Vesicular, B= Coloidal, C= Nódulo-Granular, D= Calcificação Granular

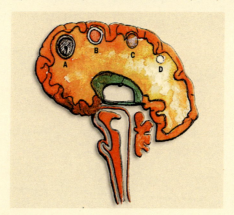

Fonte: Carpio A, 2002.

1.6 Aspectos epidemiológicos

O Complexo teníase/cisticercose é uma doença tropical negligenciada (DTN), geralmente é associada ao baixo desenvolvimento socioeconômico (17). Nesse contexto, os fatores determinantes para a doença compreendem: a falta de saneamento básico, hábitos de higiene e alimentares precários, criação de suínos com fácil acesso aos estercos humanos e sem o devido controle sanitário da sua carne (18) e, principalmente, a falta de diagnóstico e tratamento dos indivíduos portadores de teníase (7).

A NCC é endêmica em países pouco desenvolvidos, sobretudo em áreas tropicais como América Central e do Sul, na população asiática e africana não muçulmana (17, 19). É de grande relevância econômica, pois resulta em altos custos com o tratamento médico (20, 21).

Estima-se que 50.000.000 de indivíduos estejam infectados pelo complexo teníase/cisticercose e 50.000 morrem a cada ano (5, 21-23).

A NCC, hoje, é infrequente em países como Japão, Canadá e na maior parte da Europa Ocidental (24). Nos Estados Unidos da América, era tida como doença rara, porém, nas últimas décadas, tem sido observada com maior frequência devido ao fator migratório dos países latino-americanos, particularmente do México e da América Central (9, 12, 20, 25-28). Na Ásia, a NCC mostra-se frequente nas Filipinas, Tailândia, Coreia do Sul e principalmente na China e na Índia. No continente Africano, a incidência varia em relação à população e à religião, mas é provável que a afecção não esteja sendo devidamente investigada e diagnosticada (4).

No Brasil, a NCC é endémica (29). É encontrada com elevada frequência nos estados de São Paulo, Minas Gerais, Paraná e Goiás (5).

Nas zonas endêmicas, 10-20% da população apresenta cistos calcificados (18, 30).

Figura 4. Mapa Mundial da distribuição do Complexo Teniase-cisticercose em 2015

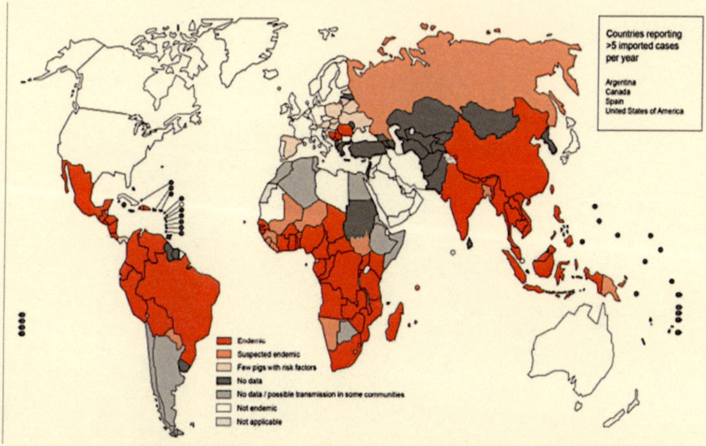

Fonte: (31) World Health Organization (WHO, 2016).

1.7 Manifestações clínicas

As manifestações clínicas da NCC ocorrem em um quadro pleomórfico que independe da viabilidade do parasita, que se dá durante ou após o processo inflamatório, que é mais intensa na forma racemosa, causado pela presença das formas viáveis ou em degeneração ou ainda calcificadas no parênquima cerebral (4).

Dependem de vários fatores: tipo morfológico (*Cisticerco cellulosae ou Cisticerco racemosus*), número, localização e fase de desenvolvimento do parasita, além das reações imunológicas do hospedeiro (9, 32-34).

Os mecanismos da epileptogênese da NCC resultam da redução do limiar convulsivo, até que as crises epilépticas ocorrem, aceleradas pela resposta imunológica do hospedeiro, em uma cascata de eventos ou fatores precipitantes, como a ruptura da barreira hematoencefálica, inflamação e astrogliose reativa (35).

Não existe um quadro patognomónico, entretanto, as manifestações clínicas mais frequentes são: epilepsia, síndrome de hipertensão intracraniana, meningite cisticercótica, distúrbios psíquicos, forma apoplética ou endarterítica e síndrome medular (4).

Acomete indivíduos de ambos os sexos, de qualquer raça e de todas as faixas etárias, com predomínio entre 11 aos 35 anos de idade (5).

Figura 5. Cisticercose cerebral/Infestação cerebral por cisticerco na forma racemosa

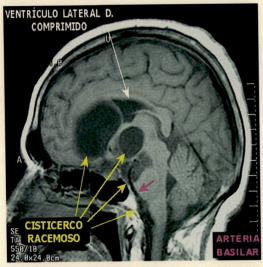

Fonte: Departamento de Anatomia Patológica, Faculdade de Ciências Médicas da Universidade Estadual de Campinas (UNICAMP, 2018).

Independentemente da localização do cisticerco no SNC, ocorre processo inflamatório intenso, seja no espaço subdural, plexo coróide ou parede ventricular. As localizações na parede ventricular e no plexo coróide determinam a obstrução do fluxo liquórico, levando à hidrocefalia, responsável pela hipertensão intracraniana que se manifesta quase sempre com cefaleia (4). O quadro sintomatológico depende também da gravidade da resposta imune do hospedeiro contra o parasita (3, 15).

A crises epilépticas da fase aguda na NCC é chamada de crise sintomática, devido a uma resposta aos insultos cerebrais transitórios, enquanto a epilepsia é uma condição crônica que indica uma anormalidade cerebral epileptogênica persistente (3), que pode ser observada nas fases granulares ou de calcificação.

As crises epilépticas ocorrem em até 70-90% dos casos sintomáticos de NCC e geralmente representam a manifestação primária ou única da forma parenquimatosa da doença (28, 33). A cefaleia vem a seguir (22). Os pacientes com crises epilépticas, invariavelmente, têm infiltrado inflamatório proeminente ao redor dos cistos, incluindo a presença de citocinas pro-inflamatórias e uma barreira hematoencefálica alterada (36).

Figura 6. Cisticercose Cerebral/Infestação cerebral por cisticercos na forma cellulosae

Fonte: Departamento de Anatomia Patológica, Faculdade de Ciências Médicas da Universidade Estadual de Campinas (UNICAMP, 2018).

1.8 Epilepsia e neurocisticercose

Cerca de 70 milhões de pessoas no mundo sofrem de epilepsia (37, 38), sendo que grande parte desses casos ocorrem em regiões onde a infecção por *T. solium* é endêmica. A incidência de epilepsia é maior nos países de baixa renda (39). Nessas regiões endêmicas, a proporção de NCC entre as pessoas com epilepsia é superior a 29% (10).

O cisticerco, ao alojar-se no parênquima cerebral, sofre modificações que vão desde a fase viável em que se observa o escólex; fase coloidal em que há degeneração dos cistos; fase granular em que se dá o início da mineralização da lesão, até a fase de calcificação, em que há completa calcificação da lesão (34).

A associação entre crises epilépticas sintomáticas agudas e neurocisticercose já está bem estabelecida, porém ainda é controversa a associação entre epilepsia fármaco resistente e a NCC (40).

A maioria dos pacientes com crises sintomáticas agudas na fase ativa da doença experimenta remissão dos sintomas nos próximos 3 a 6 meses, juntamente com o desaparecimento das lesões ativa (40). Entretanto, tanto os cistos degenerados, assim como os calcificados podem levar a crises epilépticas crônicas por esclerose hipocampal, desencadeadas por processo inflamatório, crises recorrentes e danos locais (3) (Figura 5).

Para melhor compreensão dos complexos mecanismos patogênicos envolvidos na epilepsia relacionada com a NCC é necessário rever os estágios evolutivos dos cistos parenquimatosos, pois as manifestações clínicas ocorrem independentemente do estágio do parasita, assim (3, 26, 41):

- Cisticerco viável ou estágio vesicular: nessa fase, os cistos podem induzir crises epilépticas reativas, devido ao efeito compressivo no parênquima cerebral, ou devido a episódios transientes de inflamação, ou, ainda, levar a crises focais persistentes se no tecido adjacente já estiver estabelecido alguma lesão tecidual;
- Cisticercos coloidal e granular: aqui, os cistos induzem crises epilépticas reativas como resultado da reação inflamatória, associada ao ataque do sistema imune do hospedeiro aos parasitas;
- Cisticerco calcificado: as calcificações são a fase final da maioria dos cisticercos parenquimatosos e podem ocorrer de forma espontânea ou após um curso terapêutico com drogas anti-helmínticas. Os cisticercos calcificados são percebidos pelos clínicos como lesões inertes (42). No

entanto, estudos de neuroimagem e histologia fornecem evidências de que alguns não são nódulos completamente sólidos, mas que contêm restos de membranas parasitárias que sofrem alterações morfológicas periódicas relacionadas aos mecanismos de remodelação, expondo, assim, o sistema imunológico do hospedeiro ao material antigênico preso, causando crises epilépticas recorrentes (3).

Figura 7. Mecanismo da NCC como causa de epilepsia refratária

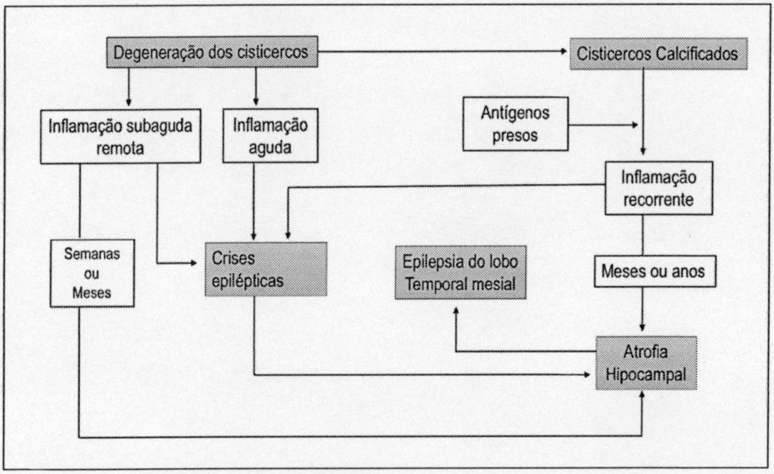

Fonte: adaptado de Del Brutto et al., 2011.

1.8.1 - Neurocisticercose calcificada (NCCc) e epilepsia.

A presença de calcificações cerebrais puntiformes, no cenário clínico correto, é principalmente um indicativo de NCC cerebral crônica (43). Muitas vezes, essas calcificações são a única evidência da doença (42). No entanto, é difícil determinar a casualidade da relação entre epilepsia e NCCc, já que calcificações são observadas em indivíduos assintomáticos que vivem em áreas endêmicas (44).

As calcificações supratentoriais não fisiológicas são arredondadas e homogêneas, medem menos de 1 cm de diâmetro (16). Desde que não explicadas por outra causa, podem ser consideradas de origem cisticercótica (45), principalmente nas zonas endêmicas. Na fase de calcificação, a resposta imunológica ao parasita é usualmente ausente (43). Entretanto, ao redor de alguns parasitas mortos (calcificados), desenvolve-se gliose, que, associada à exposição tardia de material antigênico residual ao parênquima cerebral, pode se transformar em lesão epileptogênica duradoura (3, 46). Essa situação leva à ocorrência de episódios inflamatórios repetitivos, culminando com subsequente atividade epiléptica reativa, o que causaria lesão epileptogênica permanente, local ou distante, e o surgimento de epilepsia adquirida (3, 28). Na literatura, a reação inflamatória, sobretudo respostas do tipoTh1 e Th2, tem sido ligada a um processo de remodelação da lesão cisticercótica calcificada (47).

Figura 8. Alterações imagiológicas em pacientes com epilepsia associada a Neurocisticercose

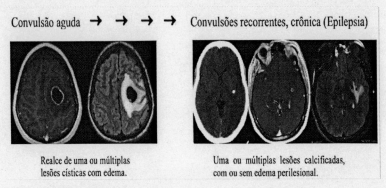

Fonte: Nash TE, 2015.

Na Figura 8, vemos uma proposta de mecanismo para o desenvolvimento de epilepsia crônica a partir da ocorrência de crises agudas devido a um cisto em degeneração (painel esquerdo), desenvolve calcificação (painel direito, imagem esquerda) como uma causa de epilepsia nestes pacientes. A epilepsia também pode ocorrer sem a presença de edema perilesional ou sem associação óbvia com anormalidades observáveis. A imagem esquerda mostra uma lesão com realce (à esquerda) e edema (à direita) em um paciente que apresentou convulsão. O painel à direita tem três imagens de outro paciente que apresentou crises convulsivas. A TC mostra uma única calcificação (à esquerda) com realce ao contraste (imagem do meio) e edema perilesional (imagem à direita) na RM.

1.9 Diagnóstico de neurocisticercose

O diagnóstico da NCC humana tem como base aspectos clínicos, epidemiológicos e laboratoriais, sendo de grande importância situações como: procedência, hábitos higiênicos e saneamento básico, proveniência de água e alimentos, costume de consumir carne de porco crua ou mal-cozida e convívio com parentes ou pessoas próximas de portadores de *T. solium* (7).

Os exames de TC — tomografia computadorizada e a RM — ressonância magnética são considerados como padrão-ouro no diagnóstico da NCC, dentre as técnicas radiológicas (48), pois permitem a visualização de estruturas do parasita e do processo reacional do hospedeiro e oferecerem um resultado mais seguro e preciso (24). A TC é mais sensível para detecção de cistos calcificados, enquanto que a RM possui maior poder de resolução e torna-se mais precisa para avaliar a intensidade da infecção e, principalmente, a localização e fase dos cistos (46). Entretanto, o seu alto custo a torna inacessível para a maioria das pessoas portadoras da doença, que geralmente são de baixo nível socioeconômico (5, 17).

Testes imunológicos baseados na detecção serológica de antígenos e anticorpos específicos são utilizados, quer no soro ou no LCR para o diagnóstico da NC (41, 49). Nesses testes, estão inclusos técnicas imunológicas, como reações de imunofluorescência ou imunológicas, sendo que os mais utilizados são: EITB (enzyme-linked immunoeletrotransfer-blot) e ELISA (enzyme-linked immunosordent assay) (9).

Na técnica de ELISA, são empregados antígenos homólogos obtidos do Cisticerco cellulosae, os quais pesquisam e detectam anticorpos específicos em amostras de fluidos biológicos. O EITB é considerado um dos testes imunológicos mais confiáveis no diagnóstico da NCC e detecta anticorpos anticisticerco cellulosae, por meio de extratos antigênicos parcialmente purificados de cisticercos, e, por isso, é altamente específico (cerca de 100%) e sensível (98%), nos casos de NCC com dois ou mais cistos viáveis (9).

Nos casos de suspeitas de NCC, a presença de eosinófilos no LCR pode ser um indicativo da doença (5). Para facilitar a abordagem clínica, critérios diagnósticos têm sido propostos, classificando-os como definitivos ou prováveis para NCC (49).

1.10 Neurocisticercose e neuroimagem

O uso da CT e da imagem de RM produzem evidências objetivas quanto ao diagnóstico da NCC (12). Essas técnicas de neuroimagem têm melhorado a acurácia do diagnóstico. Entretanto, alguns achados são inespecíficos e o diagnóstico diferencial com outras infecções ou neoplasias do SNC deve ser feito (17). Em tais casos, o diagnóstico deve ser concluído por meio de testes imunológicos, aspetos clínicos e epidemiológicos (4).

Os primeiros relatos sobre achados de NCC em TC foram publicados em 1977. Desde então, uma série de estudos têm descrito em detalhes as diferentes formas da doença (50).

As descrições radiológicas permitiram o desenvolvimento de classificações clínicas da NCC, com base na topografia e estágio evolutivo das lesões, e foram de suma importância para a determinação da abordagem terapêutica racional nas diferentes formas da doença (50).

Os recentes avanços na neuroimagem proporcionaram meios para avaliar melhor os pacientes com epilepsia, particularmente os com crises refratárias ou com suspeitas de anomalias estruturais. Com isso, uma avaliação mais detalhada das lesões císticas, respostas inflamatórias e anormalidades associadas (51).

As alterações imagiológicas sugestivas de NCC são dependentes da fase de desenvolvimento da larva. Assim, na TC, as principais são as seguintes (45):

- Fase ativa (cisto viável): observa-se presença de lesão cística, hipodensa, de contornos bem definidos e com escólex no interior (nódulo excêntrico hiperdenso), sem edema ao redor, nem realce ao contraste;

- Fase coloidal (degeneração cística): presença de lesão hipodensa, mal definida, com edema ao redor e captação (realce) em anel ou reforço homogêneo na fase contrastada;

- Fase granular (início da deposição de cálcio): evidencia-se presença de pequenos nódulos hiperdensos, cercados por leve edema, e captação na sequência pós-contraste.

- Fase de calcificação: os cistos aparecem como pequenos nódulos hiperdensos, sem edema perilesional ou anormalidade pós contraste.

O intervalo médio entre a morte do cisticerco e a calcificação radiologicamente perceptível é de aproximadamente 25 meses (45).

Os cisticercos em topografia intraventricular nem sempre são detectados pela TC, pois a densidade deles é similar à do LCR. Portanto, só podem ser inferidos pela distorção da cavidade ventricular (50).

A RM apresenta maior sensibilidade em relação à TC para detectar cisticercos intraventriculares e cisternas, assim como melhor visualização do escólex e de pequenas vesículas cisticercóticas localizadas no interior do parênquima encefálico (46, 50).

Na RM, os cistos aparecem com propriedade de sinal similares ao LCR em ambas as sequências T1 e T2. O escólex geralmente é visualizado dentro do cisto como um nódulo de alta densidade, imagem patognomónica *"hole-with-dot"* (buraco com ponto), caracterizando a fase viável (12).

Os cistos em degeneração (fase coloidal) apresentam-se com contornos mal definidos, devido ao edema (50). Alguns apresentam captação em anel após administração de contraste. A parede do cisto torna-se espessa e hipointensa, com edema perilesional marcado, melhor visualizado em imagens ponderadas T2 (50). Na fase granular, os cistos são visualizados como áreas de sinal ovoides nas sequências T1 e T2, com edema ao redor ou gliose com bordas hiperintensas ao redor da lesão (52). Na fase de calcificação, os cistos normalmente não são visualizados (50). A sequência de SWI ajuda a visualizar algumas calcificações. Nas sequências T1 e T2, as calcificações podem ser visualizadas como pequenas imagens ovaladas, hipointensas (17).

Figura 9. Cisticerco em diferentes partes do SNC: 1. A: RM, plano axial, sequência FLAIR, evidenciando cisto viável (presença de escólex) no cerebelo; B: RM, plano coronal, sequência T1, evidenciando cisto viável (presença de escólex) no hipocampo direito; C: RM, plano axial, sequência T1, pós contraste, evidenciando cistos viáveis (com e sem escólex) nas cisternas silvianas, ventrículos laterais, e fissura longitudinal. 2. D: RM, plano axial, sequência SWI, evidenciando múltiplas calcificações (imagem hipointensa); E: RM, plano axial, sequência T1, pós contraste, evidenciando cisto viável próximo ao seio esfenoidal; F: RM, plano axial, Sequência T2, mostrando cistos viáveis (escólex) intraparenquimatoso

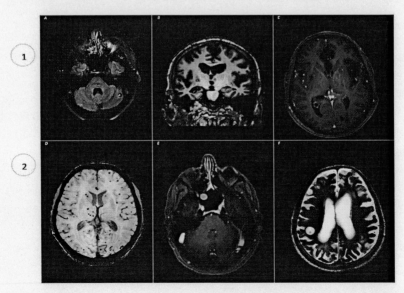

Fonte: participantes do estudo/banco de dados do laboratório de neuroimagem /UNICAMP.

Recentemente, foi demostrado que os cistos calcificados podem apresentar edema perilesional e realce pós-contraste, associado à reincidência dos sintomas (18, 30). Essas características podem servir como marcadores definidores de tratamento nesses pacientes (53).

Figura 10. Cisticerco em degeneração, e cisticerco calcificado com edema perilesional: A e B: RM, planos coronais, sequências T1, pós contraste e FLAIR, evidenciando cistos em degeneração. C e D: RM, planos axiais, sequências SWI e FLAIR, evidenciando cisto calcificado, e edema pericalcificação

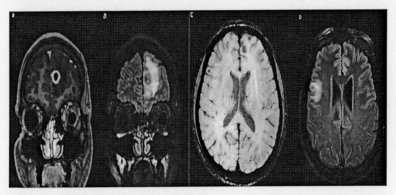

Fonte: Participantes do estudo/banco de dados do laboratório de neuroimagem /UNICAMP.

1.11 Tratamento da neurocisticercose

O prazinquantel e o albendazol têm sido considerados eficazes no tratamento etiológico da NCC (43). A terapêutica com albendazol ou prazinquantel está indicada nos indivíduos sintomáticos que apresentam cistos viáveis, em TC ou RM, e com positividade das provas imunológicas para cisticercose no LCR (3).

O propósito da terapêutica anti-helmíntica é de tentar reduzir a duração dos fenômenos neuroimunológicos envolvidos na NCC (5). Na maioria dos pacientes, acelera a degeneração dos cistos e melhora os sintomas (51).

O albendazol é considerado o medicamento de escolha na terapêutica etiológica da NCC (54, 55). Com o propósito de atenuar a reação inflamatória durante o tratamento, recomenda-se a associação de corticoide (3, 5). Entretanto, a prevenção é crítica para reduzir a prevalência de epilepsia causada pela NCC (56).

De forma geral, o tratamento da NCC baseia-se nas seguintes modalidades de intervenção (42, 57):

- Prevenção e controle sanitário;
- Utilização de anti-helmínticos que têm como finalidade provocar a morte do cisticerco;
- Uso de corticoide que diminuem ou evitam fenômenos inflamatórios (encefálicos, meníngeos e vasculares), relacionados com a involução do cisto (espontânea ou induzida);
- Administração de fármacos antiepilépticos que diminuem a frequência ou suprimem as crises epilépticas;
- Uso de diuréticos para manejo da hipertensão craniana;
- Realização de procedimentos cirúrgicos, direcionados ao manejo da hipertensão craniana, da hidrocefalia e ao efeito de massa de algumas lesões.

Em lesões calcificadas, o habitual é não realizar nenhum tratamento relacionado a NCC, mas é recomendável controle anual de imagem (4). Lesão única, entretanto, com a presença de epilepsia ativa coexistente, potencialmente atribuída a NCC, a conduta é o tratamento da epilepsia com fármacos antiepilépticos por pelo menos um ano (58).

Em relação à administração de fármacos antiepilépticos, sabe-se que uma única DAE, de primeira linha, geralmente resulta em controle das crises em pacientes com epilepsia relacionada à NCC (42).

1.12 Neurocisticercose associada à esclerose hipocampal

A esclerose de hipocampo é a lesão cerebral estrutural mais comum associada à epilepsia refratária em adultos, particularmente na Epilepsia Mesial do Lobo Temporal (ELTM) (1, 9, 59-61).

A marca histopatológica da esclerose hipocampal (EH) é a perda segmentar de células piramidal (neuronais), que pode afetar qualquer segmento do *"corno de Ammno's"*, principalmente CA1 e CA4, associada com um severo padrão de astrogliose na formação hipocampal, incluindo o giro denteado, bem como dispersão de células granulares (62, 63).

A patogênese da ELTM-EH ainda não está completamente esclarecida, embora a teoria mais aceita é a de que alguns pacientes com predisposição biológica desconhecida sofrem danos no hipocampo, o que é suficientemente grave para causar morte celular (64). Depois, as células viáveis remanescentes se reorganizam, levando a remodelação do hipocampo e eventual epilepsia de lobo temporal (65). O primeiro evento agudo, mais comumente, ocorre nos primeiros anos de vida e é considerado como uma lesão precipitante inicial, como é o caso da crise febril prolongada, status epiléptico, lesão hipóxica neonatal, traumatismo craniano e algumas formas de infeções do SNC (65). Um segundo fator responsável por aumentar a vulnerabilidade neuronal pode estar associado (66).

Os estudos de imagens permitem a detecção *in vivo* da Atrofia Hipocampal (AH). Na RM, a AH é caracterizada por redução do volume e perda da estrutura interna do hipocampo, melhor visualizada nas imagens ponderadas T1, observada como hipossinal, além de aumento de sinal nas imagens ponderadas em T2 e FLAIR (66). Por outro lado, estudos quantitativos volumétricos permitem uma avaliação objetiva da atrofia unilateral ou bilateral dos hipocampos, o que os torna úteis para aplicação em pesquisas (12).

A NCC e a ELTM associada à EH são duas formas comuns de epilepsia focal (65). Em regiões onde a NCC é endêmica, ambas podem ser observadas no mesmo paciente (59). Acredita-se que a

NCC, tal como acontece na crise febril, funciona como uma lesão precipitante inicial que mais tarde levaria a esclerose hipocampal (11, 28, 67). E assim, estabelecer uma relação de causa-efeito, cuja relevância na população geral é desconhecida (45).

Nos últimos tempos, vários pesquisadores têm relatado que a NCC parece contribuir ou mesmo causar crises epilépticas refratárias associadas à EH (22).

Figura 11. Mecanismos pelos quais a NCC pode levar a AH: Sequência de três estágios que sugerem como a NCC pode levar à epilepsia do lobo temporal mesial e atrofia de hipocampo: No estágio 1, o cisto ativo gera crises epilépticas que podem causar danos ou disfunção hipocampal. No estágio 2, o cisto morre e degenera, possivelmente causa mais danos ou disfunção hipocampal por mecanismos inflamatórios. No estágio 3, o cisticerco torna-se menos ativo e calcifica, mas eventualmente desenvolve reorganização do LTM, crises epilépticas e, mais tarde, ELTM-EH refratária. Ainda no estágio 3, as crises epilépticas podem originar-se apenas das estruturas temporais mesais, causando dificuldades em compreender uma possível relação de causa-efeito entre NCC e ELTN-EH

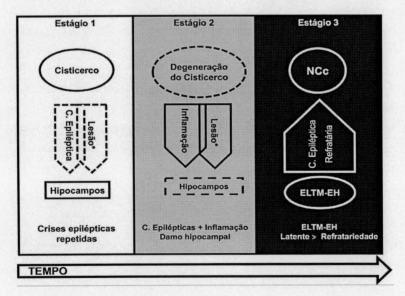

Fonte: adaptado de Bianchin et al., 2012.

1.13 Justificativa

Um elevado número de indivíduos é seguido por epilepsia refratária nos países em desenvolvimento. Muitos apresentam calcificações cerebrais evidenciadas através do exame de TC. Esses dados, em parte, contrastam com o argumento de que os pacientes com NCC apresentam bom controle de crises epilépticas após a degeneração dos cistos, por estes encontrarem em um estágio de completa calcificação.

A literatura sobre NCC e epilepsia associada à AH têm sugerido alguma relação causal entre ambas, para justificar a refratariedade nos pacientes com histórico de cistos degenerados. Por outro lado, outros autores defendem que as manifestações clínicas nos pacientes com NCC independem do estágio do parasita, assim, a refratariedade também se justificaria pelo fato de que, mesmo na fase de calcificação, alguns pacientes apresentam cistos com características epileptogênicas.

Para estudar os dados anteriormente referidos, os pesquisadores costumam deparar-se com dificuldades em realizar exames de RM (pelos elevados custos) e, quando estes são possíveis, nem sempre se utilizam protocolos específicos para avaliar as estruturas mesiais com realce para o hipocampo.

Por existir no serviço equipamentos (RM e TC) e profissionais com experiência na área, propusemo-nos a estudar esses aspectos, visando contribuir para responder alguns questionamentos:

- Existe associação entre NCC e atrofia de hipocampo?
- Como os cistos respondem ao tratamento com anti-helmínticos?
- Qual é a evolução clínica dos pacientes tratados e não tratados para NCC?
- Existe alguma sequela parenquimatosa para além da calcificação, depois dos cistos degenerarem?

A literatura disponível até o momento não é conclusiva em relação a esses aspetos.

1.14 Hipótese

A nossa hipótese é que a NCC funciona como uma lesão precipitante inicial para a ocorrência de AH que pode ser vista como uma relação de causa-efeito. Desse modo, os pacientes tratados para NCC teriam melhor prognóstico, pois os anti-helmínticos, de alguma forma, funcionariam como "protetores" para a ocorrência de novas crises epilépticas e possivelmente prevenir a ocorrência de AH. Por outro lado, a NCC ativa evolui naturalmente para fase de calcificação, porém alguns cistos permanecem por longos anos na fase granular (calcificação incompleta), que, associados a fatores precipitantes, estariam diretamente relacionados com a ocorrência de novas crises epilépticas. Os pacientes com cistos completamente calcificados apresentam bom controle de crise.

OBJETIVOS

2.1 Objetivo geral

Avaliar a frequência de atrofia de hipocampo (AH), evolução clínicas e achados imagiológicos de RM em pacientes com neurocisticercose.

2.2 Objetivos específicos

a. Avaliar uma possível associação entre NCC e atrofia hipocampal nos pacientes com NCC;

b. Quantificar a frequência de AH nos pacientes tratados clinicamente e não tratados para NCC;

c. Descrever a evolução sintomatológica dos pacientes tratados clinicamente e não tratados para NCC;

d. Identificar se existe associação entre a presença de edema, gliose e realce pós-contraste ao redor do cisto calcificado e a ocorrência de crises epilética nos pacientes com histórico de cistos ativos.

e. Descrever a evolução dos cistos após tratamento com anti-helmínticos.

METODOLOGIA

3.1 Aspectos éticos

Todos os pacientes incluídos neste estudo foram devidamente informados a respeito da natureza do projeto e de seus riscos. Eles assinaram um termo de consentimento informado antes da realização do exame de RM de crânio.

O presente trabalho foi aprovado pelo comitê de ética e pesquisa da FCM/Unicamp. Número CAAE: 55942116.5.0000.5404 (Anexos 1).

3.2 Identificação dos pacientes

Foram selecionados pacientes com idades iguais ou superiores a 18 anos, seguidos nos ambulatórios de Neuroepilepsia (N=99) e de Neurocefaleia (N=1) do hospital de clínicas da Universidade Estadual de Campinas (HC-Unicamp), por hipótese diagnóstica de epilepsia e/ou cefaleia, cuja TC tenha evidenciado lesões ativas e/ou calcificadas sugestivas de NCC.

Os pacientes com histórico ou antecedentes de neurotuberculose, neurotoxoplasmose, esclerose tuberosa, cirurgia para epilepsia de lobo temporal (amigdalohipocampectomia) foram excluídos do estudo. De igual modo, foram excluídos os pacientes que não dispunham de imagens (TC) no sistema:

    i. Pacientes com calcificação cerebral que tenham realizado cirurgia de epilepsia (amigdalohipocampectomia), por inviabilizar a volumetria de hipocampo (N=14);

ii. Pacientes que não dispunham de TC no sistema, pois a informação diagnóstica de prontuário não era conclusiva em relação ao número e localização dos cistos (N=14);

iii. Indivíduos com esclerose tuberosa (N=1);

iv. Pacientes com Neurotoxoplasmose (N=1).

Desse modo, foram avaliados 70 pacientes, dos quais 48 com cisticercose calcificada, isto é, sem antecedentes de tratamento com anti-helmíntico, e 22 com histórico de cisticercose com cistos viáveis, tratados no HC da Unicamp com antiparasitários (albendazol ou prazinquantel), após diagnóstico de NCC, entre os anos de 1993-2013.

Todos os pacientes realizaram exame de RM de crânio para quantificação volumétrica dos hipocampos. Os que não tinham exames recentes (menos de 2 anos da realização do estudo) foram convocados para fazerem novos exames.

3.3 Dados clínicos e definições

Em um primeiro momento, os dados de todos os pacientes foram obtidos mediante informação médica em prontuários. Em um segundo momento, os pacientes que não dispunham de exames recentes de RM de crânio foram convidados a realizar um novo exame (um total de 12). De igual modo, os pacientes (um total de 10), cuja informação clínica em prontuário não era conclusiva, foram convidados a responder a perguntas mediante um questionário previamente elaborado, visando caracterizar a evolução clínica deles, sobretudo em relação à ocorrência de crises epilética.

Definimos a nossa principal variável de interesse, como a presença de cistos ativos ou calcificados na TC de crânio de pacientes seguidos ambulatoriamente.

Assim, extraiu-se informações sobre a presença de cistos viáveis ou calcificados, em relatórios de exames radiológicos que estavam disponíveis nos prontuários. Quando eles não dispunham de informações suficientes para caracterizar o número e localização exata dos cistos, era designado um neurologista qualificado para avaliar os exames de TC, tendo em conta os critérios de Carpio et al. (49):

- A presença de um cisto ou múltiplos cistos e apenas um com escólex, na TC ou na RM e/ou a presença de calcificações ou vesículas, sem escólex ou cistos em fase degenerativa associada a crises focais ou generalizadas, constituem critérios para diagnóstico definitivo;

- A existência de múltiplas calcificações parenquimatosas em indivíduo que vive, veio ou viaja com frequência para países endêmicos (a NC é endêmica na América latina [42]), desde que excluídos outras etiologias de calcificações, constitui critérios de diagnóstico provável para NCC parenquimatosa.

Os pacientes foram divididos em dois grupos: com histórico de tratamento clínico para NCC e sem histórico de tratamento clínico para NCC.

A localização dos cistos (calcificados) foi definida como: temporal e extratemporal. Os pacientes com múltiplas calcificações foram classificados como de localização temporal se tivessem pelo menos uma lesão a nível do lobo temporal, independentemente da localização das outras. A categoria extratemporal foi atribuída, se a localização da lesão fosse fora do lobo temporal.

Independentemente do número e tipo de droga antiepilética (DAE) e de terem ou não histórico de tratamento para NCC, foram considerados como: com crises epilépticas, os pacientes que apresentaram pelo menos um evento (crise epiléptica), no intervalo de um ano, e sem crises epilépticas, os que estavam há um ano ou mais tempo sem crises, tendo em conta o momento da recolha dos dados (10/07/2016-20/9/2018).

3.4 Grupo controle

Para definir os limites de normalidade do tamanho dos hipocampos, utilizamos os dados de RM disponíveis no banco de dados do LNI-Unicamp. Definimo-los como grupo controle, composto por 111 indivíduos saudáveis (sem queixa neurológica) e sem quaisquer antecedentes de patologia neurológica.

Controles e pacientes foram pareados em função da idade e sexo.

3.5 Aquisição e análise de exames de RM

Os exames de RM de pacientes e controles foram realizados em aparelho de 3T Philips Intera Achieva (Philips, Best, Holanda), com aquisições nos planos coronais, sagitais e axiais, com cortes coronais obtidos em plano perpendicular, ao longo do eixo da formação hipocampal, para melhor estudo dessa estrutura.

Figura 12. Localização do Hipocampo em diferentes planos de RM: A= Corte Coronal, B= Sagital, C= Transversal. D - Hipocampo esquerdo destacado e ampliado, extraído da imagem

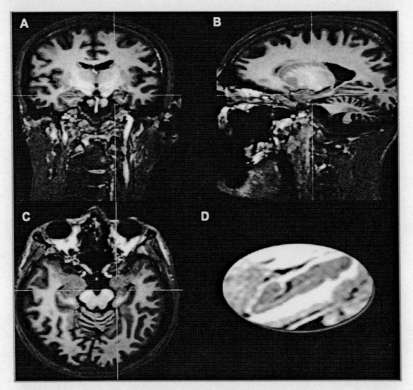

Fonte: participantes do estudo/banco de dados do laboratório de neuroimagem /UNICAMP.

3.5.1 Protocolo de aquisição de RM

Imagens coronais: (a) imagens ponderadas em T2 multi-eco (3 mm espessura, tempo de repetição (TR)=3300ms, tempo de eco (TE)=30/60/90/120/150ms, matriz=200X180, field of view (FOV)=180X180 mm^2); (b) imagens ponderadas em T1 "inversion recovery" (3 mm espessura, TR=3550ms, TE=15ms, inversion time=400, matriz=240X229, FOV=180x180), (c) imagens Fluid Acquisition Inversion Recovery (FLAIR) (supressão de gordura, 4 mm espessura, TR=12000ms, TE=140ms, matriz=180x440, FOV=200x200 mm^2).

Imagens axiais: imagens FLAIR (supressão de gordura, 4 mm espessura, TR=12000ms, TE=140ms, matriz=224x160, FOV=200x200).

Imagens ponderadas em T1 volumétricas: voxels isotrópicos de 1 mm, adquiridas no plano sagital (1 mm de espessura, flip angle=8°, TR=7,0ms, TE=3,2ms, matriz=240x240, FOV=240x240).

Imagens ponderadas em T2 volumétricas: voxels isotrópicos de 1,5 mm, adquiridas no plano sagital (TR=1800ms, TE=340ms, matriz=140X140, FOV=230x230 mm^2).

3.5.2 Análise volumétrica dos hipocampos

O grupo controle (distribuição similar aos pacientes em relação à idade e ao sexo) foi usado como referência (55,9% feminino, idade entre 18-80 anos, média de idade 45,05).

Para ambos os grupos, selecionamos as aquisições ponderadas em T1, volumetria 3D, no plano sagital, VBM (Voxel based morphometry).

Todas as imagens (casos e controles) foram comprimidas em NIFTI por meio de uma interface web. Posteriormente, a volumetria dos hipocampos foi feita de forma automática, por meio do programa volBrain online[1].

---

[1] Disponível em: http://volbrain.upv.es.

O volBrain (automated MRI Brain volumetry system) é um sistema automatizado de volumetria cerebral por RM, on-line, desenvolvido por pesquisadores da Universidade de Valência (PUV) e do Centro Nacional de Pesquisas Científicas de França (CNRS). Permite uma análise abrangente e precisa do volume cerebral, comparando cada novo caso (imagem) que chega ao sistema, com outras imagens existentes num banco de dados de mais de 50 cérebros marcados manualmente (89).

A realização da volumetria automática da RM é cega, pois as informações clínicas não são disponibilizadas, conforme ilustrado na figura 12.

Figura 13. Ilustração do processamento das imagens, via volBrain: A: Área do usuário, passível de carregar a imagem e os dados do indivíduo (idade e sexo). B: Ilustração do relatório, com a discriminação dos dados volumétricos das estruturas cerebrais (à esquerda), e processos (definição da cavidade intracraniana, classificação dos tecidos, definição das macroestruturas e definição das estruturas subcorticais) pelos quais as imagens passam ao chegarem na base de dados (à direita)

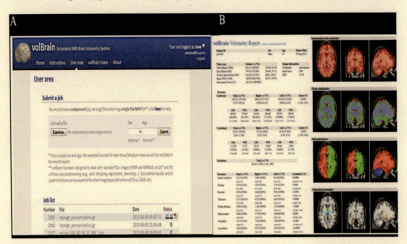

Fonte: Manjón JV, 2016.

O tamanho de cada hipocampo foi corrigido pelo volume da cavidade intracraniana individual. Todos os valores obtidos foram transformados em Z-score.

Os valores dos volumes corrigidos ou índice de assimetria (definidos pela proporção do hipocampo menor sobre o maior), que apresentaram Z-scores iguais ou inferiores a -2, foram considerados indicativos de AH.

3.6 Análise visual das imagens

Foram avaliados exames de 22 pacientes com histórico de NCC com cistos viáveis e tratados com anti-helmínticos. As imagens foram realizadas entre os anos de 2004 a 2018.

Para detecção das alterações das imagens, os exames foram analisados por dois médicos do serviço de Neurologia do Hospital das Clínicas da Unicamp.

Os achados foram relacionados com a presença ou ausência de crises epilépticas, descritas em prontuário durante o período da realização da RM (igual ou inferior a um mês). Observou-se o ano e o mês da realização do exame.

As imagens foram realizadas em aparelho de 3T (detalhes e protocolo estão descritos anteriormente). Os exames mais antigos foram realizados em aparelho de 2T (Elscint Prestige®, Haifa, Israel).

Os exames foram analisados como um todo, com realce para as aquisições em T1, T2, FlAIR, SWI e T1 pós-contraste.

Cada imagem foi avaliada, visando identificar possíveis alterações como: Atrofia de hipocampo, atrofia cerebral local ou difusa, cistos viáveis (fase vesicular), cistos em degeneração (fase coloidal), cistos granulares ou calcificados.

Nos cistos calcificados, procuramos evidenciar alterações ao redor delas, tais como: realce pós-contraste, edema perilesional e alterações compatíveis com gliose perilesional.

Quando uma lesão ativa fosse identificada, analisávamos os exames de RM, comparando-os com os realizados nos anos subsequentes, visando descrever a evolução das lesões ao longo do tempo.

3.6.1 Interpretação dos achados da RM

Os seguintes detalhes foram considerados:

- Calcificação, se as imagens na RM fossem hipointensas nas sequências T1 e T2, e marcada hipointensidade na sequência SWI (susceptibility weighted imaging);
- Lesão com realce à injeção de contraste, foi definida pela presença na RM de aumento de sinal em imagem ponderada em T1, pós-contraste, com realce perilesional ao contraste, que não estivesse presente na imagem ponderada em T1 sem contraste;
- O edema perilesional foi definido pela presença na RM de imagem hiperintensa, na sequência FLAIR e em T2, ao redor da lesão, sem delineamento homogêneo;
- Gliose, foi determinada pela presença na RM de imagens hiperintesas, nas sequências FLAIR e T2, circunscritas às calcificações;
- Atrofia hipocampal, foi estabelecida pela presença de redução do volume do hipocampo e presença de hipossinal em T1 e hipersinal nas imagens ponderadas em T2 e FLAIR;
- Cisticercose ativa (fase vesicular), foi definida pela presença na RM como imagem cavitária, arredondada, na sequência T2, e em T1 com presença de escólex (vista como ponto no interior da cavidade) na cisticercose cellulosae;
- Atrofia cerebral, foi definida pela proeminência de sulcos e pela inferência de redução focal ou global do volume cerebral, em relação ao exame anterior.

3.7 Análise estatística

A análise dos dados foi feita utilizando o programa SPSS versão 23 (Armonk, NY: IBM Corp.) para mac.

Primeiro, fez-se uma análise exploratória, medindo a frequência dos dados categóricos e estatística descritiva para dados quantitativos.

Em seguida, foi aplicado o teste de normalidade (Kolmogorov-Smirnov), nas variáveis quantitativas.

Foram comparados os dados entre casos (pacientes) e controles, utilizando o teste de Mann-Whitney. A análise de múltiplas variáveis foi feita para comparar os três grupos (com histórico de tratamento clínico para NCC, sem histórico de tratamento clínico para NCC e grupo controle), por meio do teste de Kruskal-Wallis.

Os testes de qui-quadrado (($\chi 2$) e o teste exato de Fisher foram utilizados para analisar a associação entre as variáveis categóricas.

A significância foi determinada em $p<0,05$ para todas as análises.

Figura 14. Fluxograma da metodologia de seleção dos participantes do estudo.

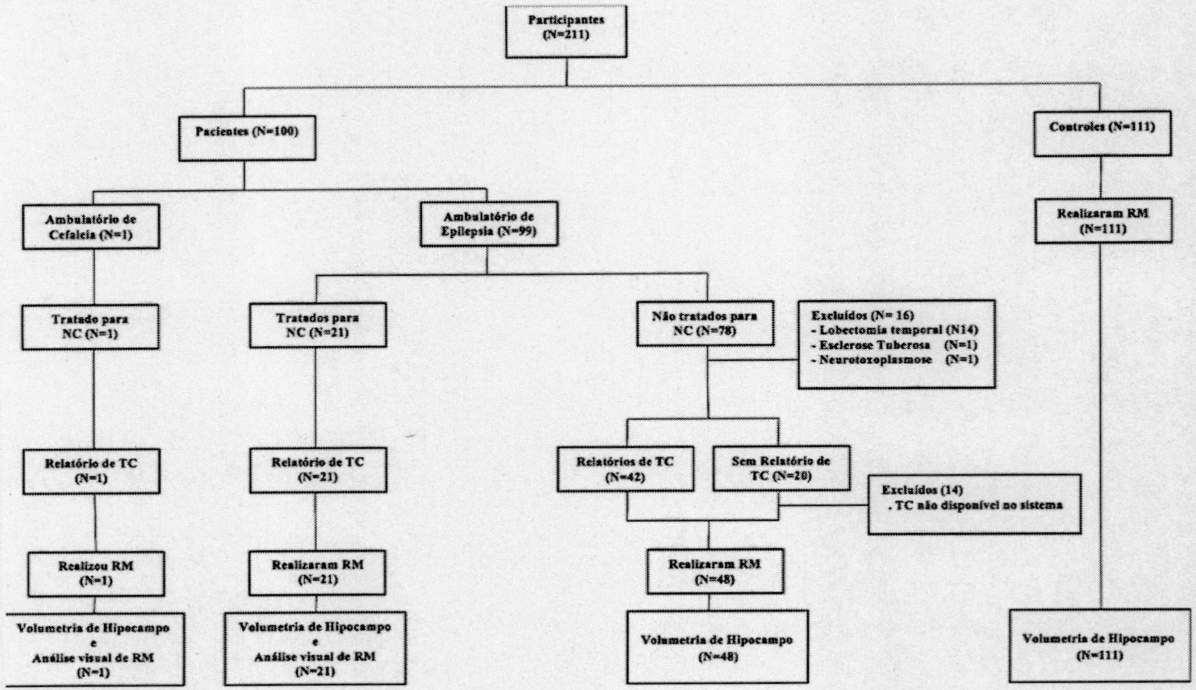

Fonte: participantes do estudo/banco de dados /UNICAMP.

4

RESULTADOS

4.1 CAPÍTULO 1: Neurocisticercose e atrofia hipocampal: achados de RM e evolução de cistos viáveis ou calcificados em pacientes com neurocisticercose

4.1.1 Resumo

Neurocisticercose (NCC) é a infecção parasitária mais comum do sistema nervoso central (SNC). Vários estudos têm relatado associação entre NCC e epilepsia do lobo temporal mesial (ELTM). Avaliamos a frequência de atrofia de hipocampo (AH), evolução clínica e achados imaginológicos em pacientes com lesão neurocisticercótica calcificada.

Métodos: 181 indivíduos (70 casos e 111 controles) foram avaliados para determinar presença ou ausência de atrofia de hipocampo. Avaliamos os achados imaginológicos e a evolução clínica dos pacientes que receberam ou não tratamento com anti-helmínticos para NCC. **Resultados:** houve diferença significativa no tamanho dos hipocampos entre casos e os controles (p<0.001). 70% dos casos apresentaram AH. 52,2% dos pacientes com NCC não tratados com anti-helmínticos apresentaram epilepsia subsequentemente. Houve associação entre não tratamento para NCC e a ocorrência de crises (p=0,006). Houve associação entre a presença de edema perilesional e a ocorrência de crise epilépticas (p=0,004). **Conclusão:** a atrofia de hipocampo é frequente em pacientes com NCC. Houve associação entre não tratamento com anti-helmíntico, edema perilesional e ocorrência de epilepsia.

Palavras-chave: neurocisticercose; atrofia de hipocampo; edema perilesional; imagem por Ressonância Magnética.

4.1.2 Introdução

A Neurocisticercose (NCC) é a infecção parasitária mais comum do sistema nervoso central (SNC), causada pela forma larvária da *Taenia solium* (13). Uma causa frequente de convulsões reativas e de epilepsia em todo mundo (1). Constitui grave problema de saúde pública em várias regiões da Ásia, África e América Latina (8, 9, 14). As manifestações clínicas da NCC ocorrem em um quadro pleomórfico que independe da viabilidade do parasita, ocorrendo durante ou após o processo inflamatório, causado pela presença das formas vivas ou mortas, degeneradas ou calcificadas, no parênquima cerebral (13, 26).

Nas últimas décadas, vários estudos têm sugerido associação entre NCC e atrofia de hipocampo (AH) (4, 14). Novas técnicas de RM permitiram uma avaliação mais detalhada das lesões císticas, resposta inflamatórias e outras anormalidades associadas (11).

O nosso objetivo foi avaliar a frequência de Atrofia do Hipocampo (AH) nos pacientes com lesão calcificada de neurocisticercos, bem como descrever a evolução sintomática dos pacientes tratados e não tratados por NCC e identificar as alterações parenquimatosas associadas à ocorrência de crises epilépticas.

4.1.3 Metodologia

4.1.3.1 Aspectos éticos

Todos os participantes assinaram o termo de consentimento informado antes da realização do exame de RM de crânio. O estudo foi aprovado pelo comitê de ética e pesquisa da FCM/Unicamp. Número CAAE: 55942116.5.0000.5404.

4.1.3.2 Dados clínicos

De um universo de 2011 participantes, foram selecionados para o estudo 181 indivíduos (70 casos e 111 controles), conforme Figura 4.

Incluímos indivíduos com idades superiores a 18 anos, seguidos nos ambulatórios de neuroepilepsia, neurocefaleia do Hospital de Clínicas da Universidade estadual de Campinas (Unicamp), seguidos por hipótese diagnóstica de epilepsia e/ou cefaleia. Definimos a nossa principal variável de interesse como a presença de cistos ativos ou calcificados na Tomografia Computadorizada (TC). Extraímos informações sobre a presença de cistos ativos ou calcificados de relatórios de exames radiológicos que estavam disponíveis nos prontuários. Quando eles não estavam disponíveis, designamos um neurologista qualificado para avaliar os exames de TC, tendo em conta aos critérios de Carpio et al.[15] Pacientes com histórico de seguimento por doença progressiva do SNC, com antecedentes de neurotuberculose, neurtoxoplamose, esclerose tuberosa, cirurgia para epilepsia de lobo temporal (amigdalohipocampectomia), foram excluídos do estudo. Também foram excluídos pacientes cuja imagens de TC não preenchia os critérios de NCC, bem como aqueles cuja informação diagnóstica não se confirmou após visualização ou leitura de relatório de TC. 70 pacientes participaram do estudo, 48 sem histórico de tratamento para NCC, 22 com história de cisticercose ativa e tratados para NCC, entre os anos de 1993-2012.

A localização dos cistos (calcificados) observados na TC foi definida como temporal e extra temporal. Os pacientes com múltiplas calcificações foram classificados como de localização temporal, se tivessem uma lesão a nível do lobo temporal, independentemente da localização das outras. A categoria extratemporal foi atribuída, se a localização da lesão fosse fora do lobo temporal.

Independentemente de terem ou não tratado para NCC e do número de drogas antiepilépticas utilizadas, foram considerados como: com crise epiléptica, aqueles que apresentaram pelo menos uma crise durante o ano da avaliação, e sem crise, aqueles que estavam a um ano ou mais sem crise.

Figura 15. Fluxograma do estudo

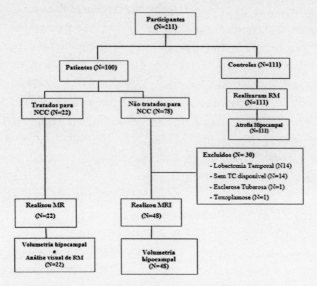

Fonte: participantes do estudo/banco de dados /UNICAMP.

Todos os participantes realizaram RM de crânio para análise volumétrica dos hipocampos. Os que não tinham exames recentes (menos de dois anos da realização do estudo) foram convocados para realizar novamente a Ressonância Magnética.

4.1.4 Protocolo de imagem de RM e análise visual

Os exames de RM de pacientes e controles foram realizados em aparelho de 3 T Philips Intera Achieva (Philips, Best, Holanda), com aquisições nos planos coronal, sagital e axial, com cortes coronais obtidos em plano perpendicular, ao longo do eixo da formação hipocampal, para melhor estudo dessa estrutura.

Protocolo de aquisição de RM

- Imagens coronais: (a) imagens ponderadas em T2 multi--eco (3 mm espessura, tempo de repetição (TR)=3300ms, tempo de eco (TE)=30/60/90/120/150ms, matriz=200X180, field of view (FOV)=180X180); (b) imagens ponderadas em T1 "inversion recovery" (3 mm espessura, TR=3550ms, TE=15ms, inversion time=400, matriz=240X229, FOV=180x180), (c) imagens Fluid Acquisition Inversion Recovery (FLAIR) (supressão de gordura, 4 mm espessura, TR=12000ms, TE=140ms, matriz=180x440, FOV=200x200);

- Imagens axiais: imagens FLAIR (supressão de gordura, 4 mm espessura, TR=12000ms, TE=140ms, matriz=224x160, FOV=200x200);

- Imagens ponderadas em T1 volumétricas: voxels isotrópicos de 1 mm, adquiridas no plano sagital (1 mm de espessura, flip angle=8°, TR=7,0ms, TE=3,2ms, matriz=240x240, FOV=240x240);

- Imagens ponderadas em T2 volumétricas: voxels isotrópicos de 1,5 mm, adquiridas no plano sagital (TR=1800ms, TE=340ms, matriz=140X140, FOV=230x230).

- Imagens ponderadas em SWI (susceptibility weighted imaging) e T1 com gadolínio para os pacientes com história de cisticercose ativa.

4.1.5 Volumetria do hipocampo

Um grupo de 111 controles saudáveis (com distribuição similar em relação a idade e o sexo) foi usado como referência (55,9% femininas, idade entre 18-80 anos, média 45,05). Selecionamos as aquisições em T1. Estas foram comprimidas em NIFTI por meio de uma interface web. Posteriormente, a volumetria dos hipocampos foi feita de forma automática, por meio do programa Volbrain on-line. A análise automática é cega, pois os dados clínicos não são disponibilizados. Os volumes de cada hipocampo foram corrigidos pelo volume da cavidade intracraniana individual. Todos os valores obtidos foram transformados em Zscore, para calcular a distância dos volumes de cada paciente da média dos controles. Os valores dos volumes corrigidos ou índice de assimetria (definidos pela proporção do hipocampo menor sobre o maior), que se apresentaram valores iguais ou inferiores a -2 foram considerados indicativos de AH (Tabela N1).

Tabela N1. Distribuição do Valor de Z- Score e do Índice de Assimetria do volume dos hipocampos de pacientes que tiveram AH

Número	Lado da atrofia	Z Score Direito	Z Score Esquerdo	Índice de assimetria (Z Score)
1	E	-1,35	-2,97	0,79(-9,94)
2	E	-1,26	-2,09	0,88(-5,53)
3	D	-1,6	1,23	0,77(-11,04)
4	E	-0,55	-2,45	0,78(-10,37)
5	B	-3,44	-3,40	0,95(-1,74)
6	E	-0,46	-1,09	0,91(-3,99)
7	E	0,57	-0,25	0,90(-4,29)
8	D	-2,03	-0,42	O,86(-6,23)
9	D	-0,03	-0,58	0,92(-3,34)
10	E	0,59	-2,98	0,65(-16,71)
11	E	-1,62	-3,21	0,78(-10,71)
12	D	-2,47	-0,43	0,82(-8,34)
13	E	-1,55	-1,71	0,94(-2,12)
14	D	-5,02	-0,39	0,57(-20,95)
15	D	-0,69	0,47	0,91(-3,83)
16	D	-3,66	2,97	0,52(-23,26)
17	D	-3,4	-1,72	0,83(-7,70)
18	E	-1,44	-4,18	0,66(-16,16)
19	E	0,31	-3,01	0,67(-16,01)
20	D	-3,43	-1,08	0,78(-10,46)
21	B	-2,30	-2,04	0,99(-0,08)
22	E	0,11	-2,55	0,72(-13,25)
23	E	0,86	-3,39	0,71(-14,03)

DESCOBERTAS REVOLUCIONÁRIAS: IMPACTO DA RESSONÂNCIA MAGNÉTICA NO DIAGNÓSTICO DE NEUROCIRSTICERCOSE EM PACIENTES COM E SEM EPILEPSIA

Número	Lado da atrofia	Z Score Direito	Z Score Esquerdo	Índice de assimetria (Z Score)
24	B	-5,54	-3,88	0,80(-9,29)
25	E	-0,97	-2,21	0,84(-7,49)
26	D	-3,33	-1,13	0,79(-9,68)
27	D	-0,73	0,98	0,87(-6,06)
28	E	-1,21	-1,92	0,89(-4,89)
29	E	0,43	-0,11	0,92(-3,15)
30	D	-3,40	0,22	0,68(-15,20)
31	E	1,87	-1,32	0,72(-13,27)
32	E	-0,32	-4,66	0,54(-22,06)
33	E	-1,45	-3,02	0,79(-9,81)
34	B	-2,59	-3,03	0,90(-4,40)
35	B	-5,26	-2,03	0,65(-16,67)
36	E	-1,10	-1,37	0,94(-2,51)
37	E	-0,59	-1,25	0,90(-4,16)
38	D	1,81	0,19	0,85(-6,90)
39	D	-3,09	0,83	0,67(-15,69)
40	E	-0,38	-3,50	0,66(-16,71)
41	B	-3,25	-3,17	0,96(-1,40)
42	D	-2,00	0,58	0,78(-10,10)
43	E	1,30	-0,29	0,84(-7,21)
45	E	-0,49	-1,31	0,89(-4,93)
46	B	-2,10	-4,68	0,65(-16,63)
47	E	-0,89	-1,43	0,91(-3,77)
48	D	-0,44	0,36	0,94(-2,25)
49	D	0,26	1,11	0,94(-2,31)

E: Esquerdo; D: Direito; B: Bilateral; AH: Atrofia hipocampal.
Fonte: participantes do estudo/banco de dados /UNICAMP.

4.1.6 Análise visual das imagens

Nos pacientes com histórico de tratamento para NCC, também foi feita análise visual dos exames de RM, adquiridos em aparelho de 3T (descrição anterior) e de 1.5T (Elscint Prestige®, Haifa, Israel). A análise foi feita pelos investigadores (JMCJA e FC), dos quais 54 exames foram analisados com objetivo de avaliar a evolução dos cistos por meio das imagens. Esses exames foram realizados entre os anos de 2004 a 2018. Os achados foram correlacionados com a ocorrência de crise descrita em prontuário durante o período da realização da RM (igual ou inferior a um mês). Alguns detalhes estão na Tabela N2 e N3.

4.1.7 Análise estatística

A análise dos dados foi feita utilizando o programa SPSS versão 23 para mac.

Primeiro fizemos análise exploratória, medindo a frequência dos dados categóricos e estatística descritiva para dados quantitativos.

Com objetivo de comparar os grupos (controles e casos), realizamos testes de normalidade (Shapiro-Wilk e Kolmogorov-Smirnov). Em seguida, o teste de Mann-Whitney ou o Kruskall-Wallis foi realizado para análise de variáveis numéricas. A análise multivariada foi realizada nas variáveis numéricas (controles, tratados e não tratados para NCC). O teste de qui-quadrado (x^2) ou de Fisher foram utilizados para analisar as variáveis categóricas. A significância foi identificada como p<0,05 para todas as análises.

4.1.8 Resultados

De uma amostra original de 211 participantes, incluímos 181 (111 controles e 70 casos). 99 foram do sexo feminino, média de idade=45.8, +-12.4. O volume dos Hipocampos dos controles foi significativamente diferente dos casos quando o teste de Man-Whitney foi realizado (p<0,001). Na análise dos subgrupos (controles, tratados e não tratados por NCC), observou-se diferença apenas no grupo controle quando comparado ao grupo dos pacientes não tratados por NCC (p=0.001; Figure 16, 17). Ambos os grupos foram similares em relação ao gênero (p=0,693).

Figura 16. Volume dos hipocampos de pacientes e dos controles

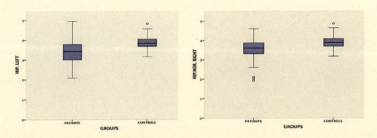

* Esse gráfico demonstra que existe diferença no tamanho dos hipocampos de pacientes com NCC em comparação com os controles saudáveis. O teste de Mann-Whitney demonstrou diferença significativa entre o volume hipocampal de pacientes em relação aos controles (p=0,001). Evidência de uma possível relação entre NCC e atrofia de hipocampal. HIP.NOR.RIGHT:hipocampo normalizado direito; HIP.LEFT: Hipocampo esquerdo. **Pacientes**: Hip. Direito, Média=3,50cm; DS=0,57; Amplitude=2.68; Hip Esquerdo, Média=3.36cm; DS=0,60; Amplitude=2,28; **Controles**: Hip. Direito, Média=3,92cm, DS=0,34, Amplitude=1,92; Hip. Esquerdo, Média=3,31cm, DS=0,31, Amplitude=1.89.
Fonte: participantes do estudo/análise de dados

Figura 17. Frequência e percentagem da atrofia hipocampal em pacientes tratados e não tratados para NCC

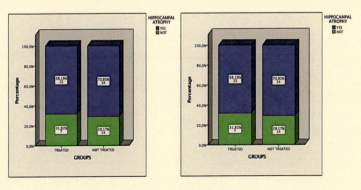

Fonte: participantes do estudo/análise de dados.

Tabela N2. Distribuição das variáveis do estudo e do nível de significância

	Geral (n=181) Pacientes (n:70)	Controles (n=111)	Valor de p
Média de Idade ± DS	47,14 (±12.98)	45,05 (±12)	0,211
Sexo			
Masculino (%)	33 (47,1%)	49 (44,1%)	0,693
Feminino (%)	37 (52,9%)	62 (55,9%)	

	Tratado da NCC (n=22)	Não tratados da NCC (n=48)	Controles (n=111)	
Hist. Familiar (%)	4 (18.18)	13 (27.0)	--	0,060

	Direito	Esquerdo	Direito	Esquerdo	Direito	Esquerdo	
Média dos hipocampos SD	3,43 cm³	3,44 cm³	3,38 cm³	3,92 cm³	3,84 cm³	3,69 cm³	0,001
	0,59	0,56	0,58	0,34	0,31	0,57	

Crises recorrentes (%)	8 (36,3)	36 (75.0)	--	0,003
Calcificação				
Temporal esquerdo n (%)	6 (27,27)	8 (16.66)		
Temporal direito n (%)	2 (9.09)	7 (14,68)	--	0,825
Temporal Bilateral n (%)	8 (36,36)	3 (6.25)		
Extra temporal n (%)	15 (68.18)	30 (70,83)	--	
Atrofia hipocampal n (%)	15 (68.18)	3 (70.83)	--	

O teste de Kruskall-Wallis demonstrou diferença significativa entre os grupos (p=0,001). Houve associação entre o não tratamento para NCC e a recorrência de crises epilépticas (p=0,003, no teste de Qui-quadrado). Hist: História; SD: desvio padrão; os valores de p significativos estão negritados.
Fonte: participantes do estudo/análise de dados.

Tabela N3. Principais achados da análise visual da RM de pacientes tratados para NCC e relato de crises no mesmo período

Número	Ano de início dos sintomas / Ano da RM	Gliose perilesional	Edema perilesional	Captação de contraste	Atrofia de hipocampo	Atrofia cerebral difusa	Dilatação ventricular	Ocorrência de Crise
1	1994/2015	sim	não	não	sim	não	não	não
2	1994/2013	sim	não	não	sim	não	não	não
3	2010/2015	sim	não	sim	não	não	não	não
4	2012/2017	sim	não	não	não	não	não	não
5	1999/2016	sim	sim	sim	Sim	não	não	sim
6	2013/2015	sim	sim	sim	Não	não	não	sim
7	1998/2015	sim	sim	sim	não	não	Não	sim
8	1994/2011	sim	sim	sim	não	não	não	sim
9	1998/2017	sim	sim	sim	não	não	não	sim
10	2010/2010	sim	sim	sim	não	não	não	sim
11	1995/201	não	sim	não	não	não	não	sim
12	2007/2017	sim	sim	sim	sim	não	não	sim
13	1993/2011	não	sim	não	sim	sim	não	sim
14	1993/2015	sim	não	sim	não	não	não	não
15	2013/2016	sim	sim	sim	não	não	sim	sim
16	2009/2011	sim	sim	sim	sim	sim	sim	sim
17	2002/2011	não	não	não	não	não	não	não
18	1993/2013	sim	sim	não	não	não	não	não
19	1993/2011	sim	sim	não	não	não	não	não
20	2009/2011	sim	sim	sim	sim	não	não	sim
21	2004/2012	sim	sim	sim	não	não	não	sim
22	2006/2012	sim	sim	sim	não	não	não	não

*Nesta tabela, ilustramos a data do início dos sintomas, a realização da RM, as alterações parenquimatosas, e a ocorrência de crises epilépticas no mesmo período. Fonte: participantes do estudo/análise de dados.

4.1.8.1 Análise dos casos

Dos 70 casos, 22 (31,4%) foram tratados para NCC, 48 (68,6%) não foram (Figura17). Não houve diferença entre o volume dos hipocampos dos tratados e não tratados por NCC (p=0,225). Não houve diferença entre as idades (p=0,220) ou na distribuição do sexo (p=0,401) entre os grupos.

4.1.8.2 Localização das calcificações

34/70 (48.6%) casos apresentaram calcificação no lobo temporal: 14/34 (20%) no lobo temporal esquerda, 9/34 (12.9%) no lobo temporal direita e 11/34 (15.7%), em ambos os lobos temporais. Em 36/70 (51.4%), a calcificação de NCC foi localizada na região extratemporal.

4.1.8.3 Número de Calcificações

26/70 (37.1%) pacientes tiveram uma a duas calcificações de NCC intraparenquimatosa. 24/79 (34.29%) tiveram três a cinco calcificações, 14/70 (20%) tiveram seis a vinte calcificações, 6/70 (8.57%) tiveram mais de vinte calcificações.

4.1.8.4 Manifestações Clínicas

Apenas 1/70 dos pacientes não apresentou manifestações clínicas de epilepsia na fase aguda ou durante o seguimento.

4.1.8.5 Atrofia do Hipocampo

49/70 (70%) apresentaram atrofia hipocampal. Não houve diferença significativa entre AH e a localização das calcificações (p=0.2, teste exato de Fisher). Quinze dos 22 (68,18%) dos pacientes tratados e 34/48 (70.83%) dos não tratados tiveram AH. Não houve associação entre AH e tratamento por NCC (p=0.83). Contudo, os pacientes que não foram tratados com anti-helmiticos na fase aguda tiveram diminuição significativa do volume dos hipocampos (p=0.0001). Não houve associação entre AH e o sexo (p=0.96). Apenas 17/70 tiveram história familiar de epilepsia (p=0.06). Detalhes adicionais podem ser encontrados na Tabela N2.

4.1.8.6 Ocorrência de crises epilépticas

Quarenta e quatro dos 69 (68.8%) apresentaram crises epilépticas convulsivas não controladas; 36 dos 44 (81,8%) não foram tratados com anti-helminticos para NCC na fase aguda da doença. Houve associação entre crises epilépticas não controladas e não tratamento para NCC com anti-helminticos (p=0.003).

Trinta e quatro dos 44 (77.3%) pacientes com crises epiléticas não controladas apresentaram AH, enquanto os outros 22.7% tiveram bom controle das crises (p=0.065).

4.1.8.7 Análise visual do exame de Ressonânica Magnética

Aqui, analisamos os pacientes com mais de um exame de RM, e a presença de cistos viáveis foi confirmada no exame de imagem.

Quarenta e quatro exames de RM de 22 pacientes foram realizados, entre 2004 a 2018. A média de tempo de seguimento foi de 15 anos (faixa de 4-23 anos). Cinco dos 22 (22.72%) pacientes tiveram cistos ativos em pelo menos um dos exames. Dois dos 22 (9.09%) tiveram dilatação ventricular, e 3 dos 22 (13.63%) tiveram atrofia cerebral difusa.

Dezanove dos 22 (86.4%) pacientes apresentaram gliose perilesional em pelo menos uma das lesões calcificadas. Contudo, não houve associação entre a presença de lgiose e a ocorrência de crises epilépticas (p=0.963). Dezasseis dos 22 (72.7%) apresentaram edema perilesional ao redor em pelo menos uma das lesões calcificadas. Houve associação entre a presença de edema perilesional e a ocorrência de crises epilética, em uma semana antes da realização da RM (p=0.004). Quatorze dos 22 (63.6%) tiveram captação de contraste em pelo menos uma lesão calcificada. Não houve associação entre captação de contraste e a ocorrência de crises (p=0.51). Oito dos 22 (36.4%) tiveram atrofia hipocampal. Mais detalhes podem ser encontrados na Tabela N4.

Tabela N4. IDistribuição dos principais achados na análise visual da RM e do nível de significância em relação a ocorrência de crises epilépticas

Variáveis n (%)	Pacientes com crises não controladas	Pacientes com crises controladas	Valor de p
Paciente (n = 22)			
Gliose perilesional	13 (68,42)	6 (31,57)	0,963
Edema perilesional	14 (87,5)	2 (12,5)	0,004
Captação de contraste	10 (71,42)	4 (28.57)	0,510
Atrofia hipocampal com outros sinais EH	6 (75,00)	2 (25,00)	0,490
Atrofia cerebral difusa	3 (100)	--	--
Dilatação ventricular	2 (100)	--	--

* Houve associação entre a presença de edema perilesional e a ocorrência de crises epilépticas (p=0,004; Teste exato de Fisher). os valores de p significativos estão negritados, Esclerose hipocampal.
Fonte: participantes do estudo/análise de dados.

4.1.8.8 Evolução dos pacientes com cistos ativos

Avaliou-se uma média de 3 exames para cada paciente, realizados entre 3 a 11 anos depois da primeira avaliação da fase aguda da neurocisticercose (cistos viáveis ou em degeneração). Cinco dos 22 apresentaram cistos ativos nos primeiros exames de RM.

Em um dos casos, observou-se a ocorrência de atrofia do hipocampo dois anos depois do início do processo de degeneração do cisto, um processo que não estava presente anteriormente (Figura 18).

Figura 18. Ilustração da relação entre Neurocisticercose e Atrofia Hipocampal. Evolução em relação ao exame de RM (2013-2015). **(A)** Imagem em corte coronal ponderada T1, pós contraste, com cistos na fase coloidal, com captação de contraste, e sem atrofia dos hipocampos; **(B)** Corte coronal ponderado T1, com edema perilesioanl, sem atrofia de hipocampo; **(C)** imagem em corte coronal ponderado T1, demonstrando atrofia cerebral difusa, incluído atrofia hipocampal bilateral. **(D)** Sequência FLAIR, com hipersinal nos hipocampos (atrofia) e edema na região frontal esquerda, e lesão hiperintensa na região perinsular

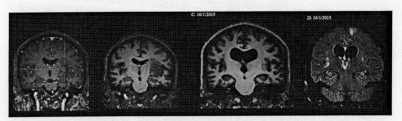

Fonte: participantes do estudo/análise de dados.

A evolução dos cistos foi variável (Figura 18-20): o processo de calcificação ocorreu entre 3 a 4 anos depois do diagnóstico de cistos ativos. No entanto, em um caso específico, o cisto em degeneração se manteve captante de contraste por um período de mais de 10 anos (2007-2017), mais detalhes na Figura 20.

Figura 19. Ilustração da NCC calcificada associada a edema perilesional. **(A-C)** Imagem ponderada em T1, com calcificação a nível do putâmen. **(B-D)** Imagem em T2 e FLAIR, com edema ao redor da calcificação

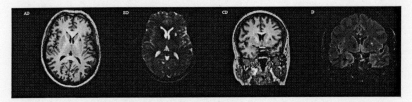

Fonte: participantes do estudo/análise de dados.

Figura 20. Ilustração da evolução de dois pacientes com Neurocisticercose, da fase vesicular para a granular ou calcificada: **1-** (2013-2017) **(A)** imagem ponderada em T1, pós contraste, ilustra cisto na fase vesicular (com escolex); **(B)** Imagem ponderada em T1, sem contraste, ilustra o cisto na fase coloidal (edema perilesional); **(C)** Imagem ponderada em T1, com contraste, ilustra o cisto na fase granular (leve captação de contraste); **(D)** RM, sequência SWI, ilustra o cisto na fase de calcificação (imagem hiperintensa). **2-** (2007-2017) **(F)** Imagem ponderada em T2, ilustra cistos na fase vesicular (sem escolex); **(G)** Imagem ponderada em T1, pós contraste, apresenta cistos na fase coloidal (edema perilesional e com captação de contraste); **(H-I)** Imagem coronal ponderada em T1, pós contraste, fase granular (leve captação de contraste)

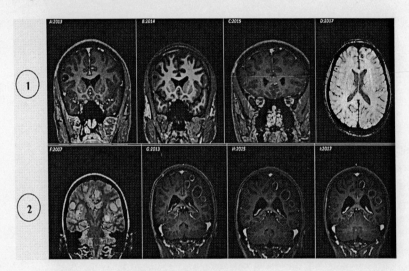

Fonte: participantes do estudo/análise de dados.

4.1.9 Discussão

Observamos alta frequência de atrofia hipocampal em pacientes com NCC (70%), o que sugere uma possível associação entre NCC e aprofia de hipocampo. Essa possibilidade tem sido considerada ao longo dos anos por vários autores que estudaram tal associação (5, 38, 42, 43).

Em um estudo que procurou demonstrar a relação entre AH, NCC e semiologia das crises epilépticas em pacientes epilépticos, os autores observaram que a AH foi mais frequente em pacientes com esclerose mesioal do lobo temporal e NCC calcificada, comparativamente aos pacientes com epilepsia extratemporal (40). Em outro estudo populacional, os autores, ao avaliarem a associação entre NCC e AH em idosos residentes em uma área endêmica, encontraram alta prevalência de AH (68%) em pacientes com NCC comparado aos controles (26).

Em um outro estudo, os autores avaliaram 324 pacientes com epilepsia mesial do lobo temporal e esclerose hipocampal (EMLT-EH), submetidos à lobectomia temporal, e encontraram alta prevalência de calcificações por NCC, 126/324 (38,9%) (4). Em outro estudo caso controle, encontrou-se alta frequência de NCC calcificada em pacientes com EMLT-EH (31).

Durante a última década, relatos anedóticos e pequenas séries despertaram a atenção da comunidade científica ao relatarem essa associação, descrevendo pacientes com MELT-EH resistentes à medicação, cujo estudo neuroimagem revelou cirticerco na fase granular ou calcificada localizado no hipocampo ou nos tecidos vizinhos (2). Em alguns casos, o exame anatomopatológico revelou esclerose hipocampal com perda neuronal nas camadas CA1 e CA4 e gliose, assim como a presença de intensa reação inflamatória no tecido cerebral ao redor do parasita calcificado (2).

Nas formas ativas de neurocisticercose, a inflamação envolve o parasita, e esse é o mecanismo mais comum de ocorrência de crises epilépticas na fase aguda da NCC (3). Essa inflamação é devido à agregação de linfócitos mononucleares, plasmócitos e números variáveis de eosinófilos no local da lesão (3). Estudos experimentais têm sugerido que a injeção de material granular da Taenia no interior do hipocampo de ratos é altamente epileptogénico, dando suporte ao envolvimento do hipocampo na resposta inflamatória do cérebro na degeneração do cisticerco (38).

Evidências atuais mostram que a relação entre NCC e EMLT-EH sempre coexistiram em áreas endêmicas (38). Contudo, a magnitude dessa ocorrência ainda precisa ser determinada, portanto, em muitos casos, é considerada como "dupla patologia" (2,

9, 38). Muitas das informações dessas associações vêm de séries de pacientes com EMLT-EH que sugerem uma relação de causa e efeito (2, 4, 26). Como nas convulsões febris na infância, nas quais a NCC atuaria como uma lesão inicial precipitante, que causaria danos ao hipocampo, levando à perda neuronal e desorganização sinápticas dos elementos celulares (9, 14, 40, 44). Essa conjectura sugere que os cisticercos podem levar a EH, porque causam descargas interictais repetitivas, crises epilépticas clínicas e suclínicas ou possíveis status epilépticos, que resultam em EMLT-EH, o que agrava as crises (9, 26, 38). Esses parasitais não precisam necessariamente estar localizados no sistema límbico (17), sugerindo um efeito remoto deletório de crises epilépticas reativas induzidas por NCC nos neurônios do hipocampo (38).

Por outro lado, lesões cerebrais parasitárias podem levar ao dano do hipocampo mediado por inflamação associado ou não à susceptibilidade genética (9, 42, 45). Nessa visão, o remodelamento periódico do cisticerco ocorre com a exposição de antígenos parasitários ao sistema imunológico do hospedeiro, o que não requer crises epilépticas recorrentes como fator causal (9, 26). Embora isso não tenha sido demonstrado em humanos, é uma evidência experimental demonstrando que a exposição repetida a endotoxina e aumento dos níveis de citocinas pró-inflamatórias correlacionam com o dano hipocampal, apoiando a hipótese de atrofia mediada por inflamação ou dano hipocampal (2, 26).

Outra possibilidade é a de que a presença de EH em pacientes com NCC pode ser apenas uma coincidência (31, 42), o que a nosso ver é menos provável, dada a alta prevalência relatada neste e em outros estudos (40).

Na cisticercose calcificada, podem ocorrer crises epilépticas recorrentes como resultado da inflamação relacionada à exposição do sistema imunológico do hospedeiro aos restos parasitários (2). Nas proximidades da lesão, a reação tecidual geralmente consiste em gliose astrocítica e uma pequena borda de desmielinização. Os neurônios são afetados de forma variável e tendem a sofrer alterações degenerativas (3). Parece razoável supor que a inflamação no estágio de calcificação nodular seja semelhante à do estágio coloidal. Crises epilépticas agudas e recorrentes, se repetidas, podem causar danos adicionais ao hipocampo. Além disso, cisticercos degenerados e/ou calcificados podem induzir diretamente a esclerose hipocampal por danos mediados por inflamação local ou remota dos neurônios do hipocampo, causando epilepsia refratária (2).

O formato deste estudo não nos permitiu estabelecer diretamente uma relação de causa e efeito entre NCC e Atrofia Hipocampal, porém, em um caso de NCC ativa, pudemos desmonstrar que a atrofia do hipocampo estava relacionada ao cisticerco degenerado, devido a um processo inflamatório reativo. Não havia esclerose hipocampal antes da degeneração do cisticerco, porém, três anos depois, os sinais de esclerose hipocampal na RM foram observados (Figura 18). Nesse caso, o hipocampo provavelmente foi diretamente afetado pela resposta inflamatória e gliose que se desenvolve ao redor do cisto e/ou área adjacente (38).

Além da alta frequência de EMLT-EH nos pacientes com NCC calcificada, houve associação entre a ausência de tratamento anti-helmínticos na fase aguda da NCC e a ocorrência de crises epilépticas *a posteriori* (epilepsia), bem como a redução do tamanho dos hipocampos, algo que pode inferir que o tratamento anti-helmíntico funciona como um fator protetor. A EMLT-EH costuma ser refratária à terapia medicamentosa e muitos pacientes ficam livres de crises apenas após o tratamento cirúrgico (9).

O mecanismo de involução da cisticercose, que, ao contrário do que se pensava anteriormente, a etapa final (degeneração e calcificação), não é completamente inerte (21, 46). Sabe-se que a NCC é uma causa potencial de epilepsia refratária e que a presença de gliose perilesional contribui para a epileptogenicidade (30). Cerca de metade dos pacientes com apenas lesões calcificadas e crises epilépticas recentes apresentam edema perilesional no momento da ocorrência das crises (28). Uma explicação plausível para a ocorrência de edema perilesional pode ser que as lesões não sejam todas iguais e podem diferir na quantidade, na forma de deposição de cálcio, no grau de antígenos reconhecidos pelo hospedeiro, no nível de inflamação residual ou na proximidade de um vaso sanguíneo (46), o que favorece a ocorrência de edema perilesional. Por outro lado, fatores genéticos também podem estar relacionados (20). Alguns atestam que isso se deve à disfunção da barreira hematoencefálica, provavelmente devido à presença de inflamação e/ou à gliose perilesional condicionada à resposta do hospedeiro ao antígeno parasitário recém-reconhecido ou liberado e/ou à regulação positiva do sistema imune do hospedeiro (28). O exame histopatológico da calcificação associada a múltiplos episódios de edema perilesional revelou inflamação significativa, o que dá suporte ao conceito de que o edema perilesional é de natureza inflamatória (28). Alguns autores defendem que o edema perilesional é resultado de um processo inflamatório direcionado ao antígeno do parasita sequestrado (47) e defendem medidas específicas para limitar o processo de inflamação, que pode ser usado para tratar ou prevenir complicações (28).

Uma outra hipótese é que o edema perilesional ocorre como consequência da crise epiléptica (13). No entanto, existem diferenças entre o edema associado à ocorrência de crises epilépticas e o edema perilesional, sendo o primeiro mais difuso, sem área máxima de atividade definida, presumivelmente causado pela perda de fluido pelas células lesadas, enquanto o segundo apresenta um pico, quase sempre acompanhado de captação de contraste, provavelmente de origem vasogênica (28). Em geral, o edema ao redor da calcificação, após a crise epiléptica, é considerado como uma forma evidente de lesão, provavelmente epileptogênica (20, 48). Um estudo anterior concluiu que a presença de edema é um preditor de recorrência de crises epilépticas (30).

4.1.10 Conclusões

Concluímos que existe alta frequência de atrofia hipocampal nos pacientes com NCC, o que pode sugerir associação entre ambas. Além disso, houve associação entre a não utilização de anti-hemínticos para tratamento da NCC e a ocorrência de crises epilépticas não controladas e redução do volume dos hipocampos, bem como associação entre edema perilesional e crises epilépticas que ocorrerão próximas à data do exame de RM.

4.1.11 Referências

1. Guimarães RR, Orsini M, Guimarães RR, Catharino MS, Reis CHM, Silveira V, et al. Neurocisticercose: atualização sobre uma antiga doença. Rev Neurocienc. 2010 [cited 2018 Agu. 20];18:581-94. Available from: http://www.revistaneurociencias.com. br/edicoes/2010/RN1804/362%20 atualizacao.pdf

2. Del Brutto OH, Engel J Jr., Eliashiv DS, Garcia HH. Update on Cysticercosis Epileptogenesis: the role of the hippocampus. Curr Neurol Nedurosci Rep. 2016;16:1. doi: 10.1007/s11910-015-0601-x

3. Sheth TN, Pilon L, Keystone J, Kucharczyk W. Persistent MR contrast enhancement of calcified neurocysticercosis lesions. AJNR Am J Neuroradiol. 1998;19:79-82.

4. Bianchin MM, Velasco TR, Coimbra ER, Gargaro AC, Escorsi-Rosset SR, Wichert-Ana L, et al. Cognitive and surgical outcome in mesial temporal lobe epilepsy associated with hipocampal sclerosis plus Neurocysticercosis: a cohort study. PLoS ONE. 2013;8:e60949. doi: 10.1371/journal.pone.0060949

5. Takayanagui OM, Leite JP. Neurocisticercose. Revista Sociedade Brasileira de Medicina Tropical. 2001;34:283-90. doi: 10.1590/S0037-86822001000300010

6. Sousa LMC. Estudo coproparasitológico e epidemiológico do complexo teníasecisticercose em habitantes do município de Marizópolis–Paraíba [dissertação]. Universidade Federal da Paraíba; 2015.

7. Ganc AJ, Cortez TL, Veloso PPA. A Carne Suína e Suas Implicações no Complexo Teniáse-Cisticercose. [cited 2018 Agu. 14]. Available from: http://www.conhecer.org. br/download/DOEnaLIM/leitura%202.pdf

8. Garcia HH, Del Brutto OH. Cysticercosis Working Group in P. Neurocysticercosis: updated concepts about an old disease. Lancet Neurol. 2005;4:653-61. doi: 10.1016/S1474-4422(05)70194-0

9. Bianchin MM, Valesco TR, Santos AC, Sakamoto AC. On the relationship between neurocysticercosis and mesial temporal lobe epilepsy associated with hippocampal sclerosis: coincidence or a pathogenic relationship? Pathogens and Global Health. 2012;106:280-85. doi: 10.1179/2047773212Y.0000000027

10. Carpio A. Neurocysticercosis: an update. Lancet Infect Dis. 2002;2:151-62. doi: 10.1016/S1473-3099(02)00454-1

11. Leon A, Saito EK, Mehta B, McMurtray AM. Calcified parenchymal central nervous systemcysticercosis and clinical outcomes in epilepsy. Epilepsy Behav. 2015;43:77-80. doi: 10.1016/j.yebeh.2014.12.015

12. Costa FAO, Fabião OM, Schmidt FO, Fontes AT. Neurocysticercosis of the Left Temporal Lobe with epileptic and prsychiatric manifestations: case report. J Epilep Neurophysiol. 2007;13:183-5. doi: 10.1590/S1676-26492007000400007

13. Nash TE, Del Brutto OH, Butaman JA, Corona T, Delgado-Escueta A, Duron RM, et al. Calcific neurocysticercosis and epileptogenesis. Neurology. 2004;62:1934-8. doi: 10.1212/01.WNL.0000129481.12067.06

14. Kobayashi E, Guerreiro CAM, Cendes F. Late onset temporal lobe epilepsy with MRI evidence of mesial temporal sclerosis following acute neurocysticercosis. Arq Neuropsiquiatr. 2001;59:255-8. doi: 10.1590/S0004-282X2001000200021

15. Wichert-Ana L, Velasco TR, Terra-Bustamante VC, Alexandre V Jr., Walz R, Bianchin MM, et al. Surgical treatment for mesial temporal lobe epilepsy in the presence of massive calcified neurocysticercosis. Arch Neurol. 2004;61:1117-9. doi: 10.1001/archneur.61.7.1117

16. Rodriguez S, Wilkins P, Dorny P. Immunological and molecular diagnosis of cysticercosis. Pathog Glob Health. 2012;106:286-98. doi: 10.1179/2047773212Y.0000000048

17. Bianchin MM, Velasco TR, Takayanagui OM, Sakamoto AC. Neurocysticercosis, mesial temporal lobe epilepsy, and hippocampal sclerosis: an association largely ignored. Lancet Neurol. 2006;5:20-1. doi: 10.1016/S1474-4422(05)70269-6

18. Carpio A, Romo ML. Multifactorial basis of epilepsy in patients with neurocysticercosis. Epilepsia. 2015;56:973-4. doi: 10.1111/epi.12978

19. Stringer JL, Marks LM, White JAC, Robinson P. Epileptogenic activity of granulomas associated with murine cysticercosis. Exp Neurol. 2003;183:6. doi: 10.1016/S0014-4886(03)00179-1

20. Rathore C, Thomas B, Kesavadas C, Abraham M, Radhakrishnan K. Calcified neurocysticercosis lesions and antiepileptic drug-resistant epilepsy: a surgical remediable syndrome? Epilepsia. 2013;54:1815-22. doi: 10.1111/epi.12349

21. Fujita M, Mahanty S, Zoghbi SS, Araneta MDF, Hong J, Pike VW, Innis RB, et al. PET Reveals inflamation around calcified Taenia solium granulomas with perilesional edema. PLoS ONE. 2013;8:e 74052. doi: 10.1371/journal.pone.0074052

22. Nash TE, Bartelt LA, Korpe PS, Lopes B, Houpt ER. Calcified neurocysticercus, perilesional edema, and histologic inflammation. Am J Trop Med Hyg. 2014;90:318–21. doi: 10.4269/ajtmh.13-0589

23. Moyano LM, O'Neal SE, Ayvar V, Gonzalvez G, Gamboa R, Vilchez P, et al. High Prevalence of asymptomatic neurocysticercosis in an endemic rural community in peru. PLoS Negl Trop Dis. 2016;10: e0005130. doi: 10.1371/journal.pntd.0005130

24. Bonilha L, Rorden C, Castellano G, Cendes F, Li LM. Voxelbased morphometry of the thalamus in patients with refractory medial temporal lobe epilepsy. Neuroimage. 2005;25:1016-21. doi: 10.1016/j.neuroimage.2004.11.050

25. Garcia HH, Del Brutto OH. Imaging findings in neurocysticercosis. Acta Trop. 2003;87:71-8. doi: 10.1016/S0001-706X (03)00057-3

26. Del Brutto HO, Salgado P, Lama J, Del Brutto VJ, campos X, Zambrano M, et al. Calcified Neurocysticercosis associates with hippocampal Atrophy: a population-based study. Am. J. Trop Med. Hyg. 2015;92:64-8. doi: 10.4269/ajtmh.14-0453

27. Gupta RK, Kathuria MK, Pradhan S. Magnetisation transfer magnetic resonance imaging demonstration of perilesional gliosis–relation with epilepsy in treated or healed neurocysticercosis. Lancet. 1999;354:44-5. doi: 10.1016/S0140-6736(99)00881-8

28. NashT. Edema surrounding calcified intracranial cysticerci: clinical manifestations, natural history, and treatment. Pathogens and Global Health. 2012;106:275-79. doi: 10.1179/2047773212Y.0000000026

29. Assane YA, Trevisan C, Schutte CM, Noormahomed EV, Johansen MV, Magnussen P. Neurocysticercosis in a rural population with extensive pig production in Angonia district, Tete Province, Mozambique. Acta Trop. 2017;165:155-60. doi: 10.1016/j.actatropica.2015.10.018

30. Singh AK, Garg RK, Imran R, Malhotra HS, Kumar N, Gupta RK. Clinical and neuroimaging predictors of seizure recurrence in solitary calcified neurocysticercosis: a prospective observational study. Epilep Res. 2017;137:78-83. doi: 10.1016/j.eplepsyres.2017.09.010

31. Bianchin MM, Valesco TR, Wichert-Ana L, dos Santos AC, Sakamoto AC. Understanding the association of neurocysticercosis and mesial temporal epilepsy and its impact on the surgical treatment of patients with drug-resistant epilepsy. Epilep Behav. 2017;76:168-77. doi: 10.1016/j.yebeh.2017.02.030

32. Oliveira MC, Martin MG, Tsunemi MH, Vieira G, Castro LH. Small calcified lesions suggestive of neurocysticercosis are associated with mesial temporal sclerosis. Arq Neuropsiquiatr. 2014;72:510-6. doi: 10.1590/0004-282X20140080

33. Cendes F, Sakamoto AC, Spreafico R, Bingaman W, Becker AJ. Epilepsies associated with hippocampal sclerosis. Acta Neuropathol. 2014;128:21–37. doi: 10.1007/s00401-014-1292-0

34. Kobayashi E, Li LM, Lopes-Cendes I, Cendes F. Magnetic resonance imaging evidence of hippocampal sclerosis in asymptomatic, first-degree relatives of patients with familial mesial temporal lobe epilepsy. Arch Neurol. 2002;59:1891-4. doi: 10.1001/archneur.59.12.1891

35. Thom M. Review: hippocampal sclerosis in epilepsy: a neuropathology review. Neuropathol Appl Neurobiol. 2014;40:520-43. doi: 10.1111/nan.12150

36. Togoro SY, de Souza EM, Sato NS. Laboratory diagnosis of neurocysticercosis: review and perspectives. J Bras Patol Med Lab. 2012;48:345-55. doi: 10.1590/S1676-24442012000500007

37. Lewis DV. Losing neurons: selective vulnerability and mesial temporal sclerosis. Epilepsia. 2005;46 (Suppl. 7):39-44. doi: 10.1111/j.1528-1167.2005.00306.x

38. Singla M, Singh P, Kaushal S, Bansal R, Singh G. Hippocampal sclerosis in association with neurocysticercosis. Epileptic Disord. 2007;9:292–9. doi: 10.1684/epd.2007.0122

39. Meguins LC, Adry RA, Silva Junior SC, Pereira CU, Oliveira JG, Morais DF, et al. Longer epilepsy duration and multiple lobe involvement predict worse seizure outcomes for patients with refractory temporal lobe epilepsy associated with neurocysticercosis. Arq Neuropsiquiatr. 2015;73:1014-8. doi: 10.1590/0004-282X20150175

40. da Gama CN, Kobayashi E, Li ML, Cendes F. Hipocampal atrophy and neurocysticercosis calcifications. Seizure. 2005;14:85-8. doi: 10.1016/j.seizure.2004.10.005

41. Carpio A, Fleury A, Romo ML, Abraham R, Fandino J, Durán JC, et al. New diagnostic criteria for neurocysticercosis: reliability and validity. Ann Neurol. 2016;80:434-42. doi: 10.1002/ana.24732

42. Singh G, Jorge G, Burneo JG, Sander JW. From seizures to epilepsy and its substrates: Neurocysticercosis. Epilepsia. 2013;54:783-92. doi: 10.1111/epi.12159

43. Chung CK, Lee SK, Chi JG. Temporal lobe epilepsy caused by intrahippocampal calcified cysticercus: a case report. J Korean Med Sci. 1998;13:445-8. doi: 10.3346/jkms.1998.13.4.445

44. Taveira OM, Morita ME, Yasuda CL, Coan AC, Secolin R, da Costa ALC, Cendes F. Neurocysticercotic calcification anda hipocampal sclerosis: a case-control study. PLoS ONE. 2015;10:e0131180. doi: 10.1371/journal.pone.0131180

45. Bianchin MM, Valesco TR, Wichert-Ana L, Alexandre V Jr., Araujo D Jr., dos Santos AC, et al. Characteristics of mesial temporal lobe epilepsy associated with hipocampal sclerosis plus neurocysticercosis. Epilepsy Res. 2014;108:1889-95. doi: 10.1016/j.eplepsyres.2014.09.018

46. Nash TE, Pretell EJ, Lescano AG, Bustos JA, Gilman RH, Gonzales AE, et al. Perilesional brain edema and seizure activity in patients with calcified neurocysticercosis: a prospective cohort and nested case-control study. Lancet Neurol. 2008;7:1099-105. doi: 10.1016/S1474-4422(08)70243-6

47. Nash TE, Pretell J, Garcia HH. Calcified cysticerci provoque perilesional edema and seizures. Clin Infect Dis. 2001;33:1649-53. doi: 10.1086/323670

48. Del Brutto OH. Neurocysticercosis: a review. Sci World J. 2012;2012:159821. doi: 10.1100/2012/159821

4.2 CAPÍTULO 2: O edema perilesional intermitente e o realce pelo contraste na epilepsia com neurocisticercose calcificada podem ajudar a identificar a área focal da crise

4.2.1 Resumo

A Neurocisticercose (NCC) é uma frequente causa de crises epilépticas em zonas endémicas. É causada pela larva da *Taenia solium*. As larvas, uma vez alojadas no parênquima cerebral, evoluem para cistos viáveis, designados por fase vesicular (com pouca ou nenhuma reação inflamatória), podendo permanecer nessa fase durante anos ou entrar em um processo inflamatório-degenerativo (fase coloidal) que termina com nódulos calcificados. Foram descritos edema e realce de contraste na RM, associados a essas calcificações, sugerindo que podem estar associados a crises epilépticas. No entanto, a maioria desses relatórios eram em séries de estudo transversal caso-controle ou relatos de casos em uma RM, em um único momento. Por conseguinte, o significado clínico do edema perilesional recorrente e do realce pelo contraste em torno de lesões calcificadas é ainda incerto. Descrevemos aqui as repetidas RM de um paciente com neurocisticercose calcificada ao longo de quatro anos. As crises estavam associadas ao edema e realce pelo contraste que desapareciam nos períodos sem crises, ocorrendo apenas à volta de um nódulo calcificado que coincidia com achados do EEG e com a semiologia das crises, embora tivesse mais três calcificações.

Esses achados dão suporte à associação entre realce pelo contraste pericalcificação e o edema com crises epilépticas recentes. Este achado de RM pode ser um marcador para definir o foco epileptogénico em epilepsias com neurocisticercose calcificada.

Palavras-chaves: calcificação cerebral; tomografia computadorizada; crise epiléptica focal; ressonância magnética; neurocisticercose.

4.2.2 Introdução

A Neurocisticercose (NCC) é a infecção parasitária mais comum do Sistema Nervoso Central (SNC) e uma frequente causa de crises epilépticas em todo mundo (1, 2). É o resultado da infecção pela fase larval da *Taenia solium*, que ocorre quando os ovos excretados nas fezes de um indivíduo portador do parasita são ingeridos por meio de alimentos contaminados e diretamente de um portador por meio da via fecal-oral (1-4). A evolução natural da lesão cerebral da neurocisticetcose pode ser dividida em quatro fases: vesicular, coloidal, nodular e calcificada (2, 3). As larvas da *Taenia solium*, uma vez alojadas no parênquima cerebral, evoluem para quistos viáveis, designados por fase vesicular que podem causar pouca ou nenhuma reação inflamatória. Podem permanecer nessa fase durante anos ou podem entrar, como resultado de um ataque imunitário do hospedeiro, em um processo inflamatório-degenerativo, chamado fase colloidal, que termina com a sua transformação em nódulos mineralizados (fase de calcificação) (1-7).

O edema perilesional e a captação de contraste em torno do cisticerco calcificado já estão bem descritos (7-14). As lesões calcificadas com realce ao contraste na RM têm maior probabilidade de apresentar edema perilesional e de estar associadas à ocorrência de crises epilépticas (8-10). No entanto, o significado clínico do edema perilesional recorrente associado a lesões calcificadas ainda não está claro.

4.2.3 Relato de caso

Indivíduo masculino de 22 anos de idade foi seguido desde os dois anos de idade, por quadro clínico caracterizado por crises tónico-clónicas focais e bilaterais recorrentes. Era saudável até abril de 1997, altura em que apresentou uma crise caracterizada por desvio cefálico e do olhar para a direita, seguido de movimentos clónicos bilaterais com predominância do lado direito. Na altura, efetuou um exame de Tomografia Computadorizada (TC, 15/04/97), com diagnóstico de NCC em fase degenerativa (não demonstrado aqui). Foi tratado com albendazol durante dez dias e adicionado fenobarbital, com melhora clínica. Nos anos seguintes, apresentou raros episódios convulsivos.

Os exames de Tomografias Computadorizadas subsequentes revelaram lesões calcificadas no núcleo lentiforme direito, lobo occipital direito, região frontal esquerda e para-central esquerda, com realce pelo contraste. Em 2014, realizou um exame de RM que evidenciou lesões puntiformes hointensas (calcificações) sem edema perilesional. Em 2015, apresentou novas crises epilépticas (semiologia semelhante), com RM (25 de setembro de 2015) mostrando edema perilesional e realce pelo contraste em torno da calcificação pré-central esquerda (Figura 20). Nessa altura, iniciou tratamento com oxcarbazepina. Onze meses depois (19 de agosto de 2016), fez uma nova RM que mostrou uma melhora completa do edema perilesional e sem realce significativo pelo contraste, período durante o qual esteve assintomático. Um ano depois, teve nova crise epiléptica lateralizada (semiologia similar), tendo a RM sido efetuada cinco dias após o evento (9 de agosto de 2017), mostrando novamente edema perilesional e realce pelo meio de contraste ao redor da lesão na região pré-central esquerda (Figura 21).

Os exames de Eletroencefalogramas (EEGs) repetidos mostraram ondas lentas e descargas epileptiformes sobre a área centrotemporal esquerda. Nessa altura, o paciente referiu aumento de peso e optou-se pela substituição da Oxcabazepina pela Lamotrigina (400mg/dia). As crises foram controladas e, em dezembro de 2017, RM não mostrou edema perilesional ou realce pelo contraste (Figura 21).

Todos os procedimentos éticos foram cumpridos, tendo o paciente assinado um termo de consentimento livre e esclarecido aprovado pelo Comitê de Ética da Universidade de Campinas.

Figura 21. RM e evolução clínica da Neurocisticercose calcificada. A, C, E Imagens axiais de Ressonância Magnética com recuperação de inversão atenuada de fluidos (FLAIR) mostram calcificação pré-central esquerda (confirmada por tomografia computadorizada, mostrada na imagem F) sem edema perilesional (29 de agosto de 2014; 19 de agosto de 1016; 7 de dezembro de 2017). B e D RM FLAIR mostrando a mesma calcificação pré-central esquerda com edema perilesional (25 de setembro de 2015; 9 de agosto de 2017). G e I, imagem ponderada em T1 pós-gadolínio mostrando realce de contraste em torno da calcificação pré-central esquerda (25 de setembro de 2015; 9 de agosto de 2017). H e J, ponderada em T1 pós-gadolínio mostrando a calcificação pré-frontal esquerda sem realce significativo pelo contraste

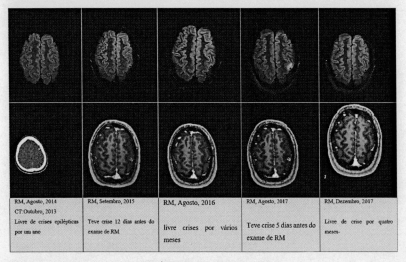

Fonte: participantes do estudo/análise de dados.

4.2.4 Discussão

Nesse caso clínico, o início agudo das crises convulsivas estava relacionado com a fase degenerativa das lesões da NCC, o que já está bem estabelecido na literatura (1-7).

Dados recentes mostram que os cisticercos calcificados não são completamente inertes, uma vez que alguns deles podem causar crises epilépticas recorrentes (1-6). Quando os antigénios do parasita ficam presos na matriz de cálcio, são expostos ao sistemas imunológico do hospedeiro devido a um processo de remodelação da calcificação (5).

Após o tratamento inicial, o nosso paciente permaneceu assintomático durante muitos anos. As lesões calcificaram anos mais tarde (confirmado por TC). Os exames repetidos de RM mostraram que as crises intermitentes estavam associadas à presença de edema perilesional e realce pelo contraste que desapareciam nos períodos sem crises.

Em um estudo efetuado para determinar se as lesões calcificadas captavam contraste após a involução nodular e calcificação completa, os autores observaram que algumas lesões calcificadas continuaram a apresentar realce pelo contraste durante, pelo menos, um ano e concluíram que essa anormalidade poderia ser um fator de risco para futuras crises epilépticas (8). Esses resultados, em parte, diferem do presente caso, pois, como vimos, a lesão foi observada na fase degenerativa cerca de 20 anos antes. Uma hipótese que suporta a persistência do realce pelo contraste nessas calcificações é que podem representar lesões que não estão em resolução completa, portanto, ainda persistem com atividade celular reativa local. É possível que o realce pelo contraste persistente de lesões calcificadas seja um fator de risco adicional para crises epilépticas (4, 9, 10). No entanto, o seu significado, potencial e características clínicas ainda não estão bem definidas, pois, em alguns casos, pacientes sintomáticos com edema perilesional ao redor da calcificação são comumente diagnosticados como neurocisticercose refratária e tratados desnecessariamente com anti-helmínticos (9).

O exame histopatológico da inflamação associada ao edema perilesioanal da NCC calcificada revelou líquido extracelular significativo, o que apoia o conceito de que o edema perilesional é inflamatório (14). Alguns autores defendem que o edema perilesional é o resultado de um processo inflamatório dirigido ao antigénio do parasita sequestrado, pelo que defendem medidas específicas para limitar o processo inflamatório, que podem ser usadas para tratar ou prevenir complicações (9).

Os resultados histológicos de NCC calcificada associada a episódios de edema perilesional na RM mostraram intensa inflamação com resposta inflamatória intracística e capsular intensa, composta por células mononucleares, plasmócitos e eosinófilos ao redor do cisticerco degenerado com uma cápsula circundante (14).

Outra hipótese é a de que o edema perilesional ocorre, devido à atividade epiletica (10). No entanto, existem diferenças entre o edema associado a crises epiléptica e o edema perilesional calcificado da NCC, sendo o primeiro mais difuso, sem área máxima de atividade, presumidamente de origem citogénica (5, 6, 10).

Em zonas endémicas, o número de pacientes com epilepsia e calcificações de NCC é elevado (1, 4). No entanto, nem todas as calcificações apresentam edema perilesional ou realce ao contraste, como demonstrado no nosso caso. Uma explicação plausível é que nem todas as lesões calcificadas são iguais e podem diferir na sua natureza epileptogénica, bem como na quantidade de depósito de cálcio, no grau de antigénios reconhecidos pelo hospedeiro, no nível de inflamação residual ou na proximidade de um vaso sanguíneo (9), levando à ocorrência de edema perilesional ou captação de contraste.

4.2.5 Conclusão

Este relato de caso demonstra que alguns cistos calcificados podem ter características epileptogênicas e que o edema perilesional intermitente combinado com o realce pelo contraste na RM pode servir como marcador da região de início das crises, quando realizado próximo da ocorrência das crises epilépticas. O edema e o realce pelo contraste à volta de uma lesão calcificada podem ajudar a identificar o foco da crise em pacientes com crises focais farmacorresistentes associadas à NCC calcificada.

4.2.6 Referências

1. Garcia HH. Neurocysticercosis. Neurol Clin. 2018;36:851-64.

2. Escobar A. The pathology of neurocysticercosis. In: Palacios E, Rodriquez-Carbajal J, Taveras JM, editors. Cysticercosis of the Central Nervous System. Springfield, IL: Thomas; 1983. p. 27-54.

3. Carpio A, Placencia M, Santillan F, Escobar A. A proposal for classification of neurocysticercosis. Can J Neurol Sci. 1994;21:43-47.

4. Del Brutto OH. Neurocysticercosis: a review. The scientific World Journal. 2012;2012:159821.

5. Del Brutto OH, Engel J Jr, Eliashiv DS, García HH. Update on cysticercosis epileptogenesis: the role of the hippocampus. Curr Neurol Nedurosci Rep. 2016;16:1-7.

6. Rathore C, Thomas B, Kesavadas C, Abraham M, Radhakrishnan K. Calcified neurocysticercosis lesions and antiepileptic drug- resistant epilepsy: a surgical remediable syndrome? Epilepsia. 2013;50:1815-22.

7. Del Brutto OH, Santibanez R, Noboa CA, Aguirre R, Díaz E, Alarcón TA. Epilepsy due to neurocysticercosis: analysis of 203 patients. Neurology. 1992;42:389-92.

8. Sheth TN, Pilon L, Keystone J, Kucharczyk W. Persistent MR contrast enhancement of calcified neurocysticercosis lesions. AJNR Am J Neuroradiol. 1998;19:79-82.

9. Nash TE, Pretell EJ, Lescano AG, Bustos JA, Gilman RH, Gonzalez AE, et al. Perilesional brain edema and seizure activity in patients with calcified neurocysticercosis. Lancet Neurol. 2008;7:1099-105.

10. Nash T. Edema surrounding calcified intracranial cysticerci: clinical manifestations, natural history, and treatment. Pathogens and Global Health. 2012;106:275-9.

11. White AC Jr. Neurocysticercosis: a major cause of neurological disease worldwide. Clin Infect Dis. 1997;24:101-13.

12. Garg RK, Karak B, Mohan Kar A. Neuroimaging abnormalities in Indian patients with uncontrolled partial seizures. Seizure. 1998;7(6):497-500.

13. Sheth TN, Lee C, Kucharczyk W, Keystone J. Reactivation of neurocysticercosis: case report. Am J Trop Med Hyg. 1999;60:664-7.

14. Nash TE, Bartelt LA, Korpe PS, Lopes B, Houpt ER. Calcified neurocysticercus, perilesional edema, and histologic inflammation. Am J Trop Med Hyg. 2014;90:318-21.

4.3 CAPÍTULO 3: Características e evolução de pacientes submetidos à lesionectomia de cisticerco calcificado.

Neste capítulo, pretendemos avaliar a evolução dos pacientes que, durante o período de coleta de dados, foram submetidos à lesionectomia de cistos calcificados.

4.3.1 Introdução

Os cistos calcificados da neurocisticercose são compreendidos por muitos profissionais de saúde como sendo inertes (1). Entretanto, estudos recentes têm demonstrado uma realidade totalmente contrária, pois alguns cistos calcificados apresentam características epileptogênicas, tornando-os causadores de epilepsia crônica (2). A remoção dos cistos considerados epileptogênicos tem sido considerada por vários autores (2, 3).

Figura 22. A: RM, Cisto viável (com escólex); B: RM, sequência SWI, plano axial, evidenciando imagem hipointensa (calcificação); C: RM, Imagem ponderada em T2, mostrando cisto calcificado com edema perilesional (imagem hiperintensa com hipointensidade central); D: Imagem ponderada em T1, pós contraste, evidenciando edema e realce pós contraste, perilesional (setas verdes)

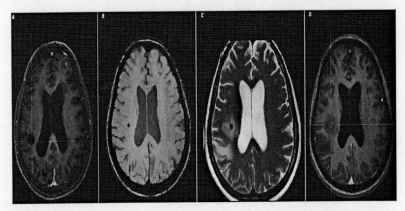

Fonte: participantes do estudo/banco de dados do laboratório de neuroimagem/UNICAMP.

Na maior parte das vezes, os cistos calcificados considerados epileptogênicos diferem dos demais, pois apresentam, ao seu redor, gliose, edema e realce ao contraste, que podem ser vistos através da RM, sobretudo, se o exame for realizado próximo de um evento epiléptico.

Figura 23. Cistos calcificados com gliose, edema e realce pós contraste perilesional: 1. (2015-2018) A: TC sem contraste, plano axial, evidenciando imagem hiperdensa (calcificação); B: RM, Imagem ponderada FLAIR, sem contraste, mostrando cisto calcificado com gliose perilesional (imagem hiperintensa com hipointensidade central); C: Imagem ponderada em T1, pós-contraste, evidenciando leve realce ao contraste ao redor da lesão cística calcificada. 2. (2007-2017) D: TC sem contraste, plano axial, evidenciando imagem hiperdensa (calcificação); E: RM, Imagem ponderada T2, mostrando cistos calcificado com edema perilesional (hiperintensidade com hipointensidade central); F: Imagens ponderadas em T1, pós-contraste, evidenciando realce ao contraste de lesão cística calcificada (halo hiperintenso)

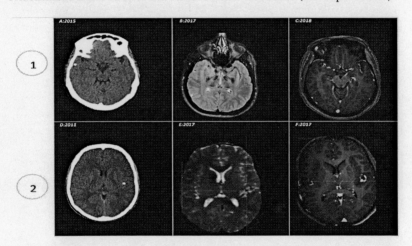

Fonte: participantes do estudo/banco de dados do laboratório de neuroimagem/UNICAMP.

4.3.2 Descrição dos pacientes

Durante o período de coleta de dados, três pacientes incluídos na base de dados deste estudo foram submetidos a procedimento cirúrgico, lesionectomia de cisticerco calcificado.

Dois dos três pacientes pertenciam ao grupo dos que não tiveram histórico de tratamento clínico para neurocisticercose e o outro pertencente ao grupo dos que tinham histórico de tratamento clínico para NCC.

4.3.3 Evolução clínica

O tempo de evolução dos pacientes não nos permite aferir se eles tiveram um bom controle de crises após o procedimento cirúrgico. Entretanto, em dois casos, os pacientes não voltaram a ter novos eventos epilépticos depois do ato cirúrgico (Quadro N1).

Quadro N1. Descrição da evolução clínica dos pacientes submetidos à lesionectomia de cisto calcificado de NCC

Pacientes	Freq. de crise antes da cirurgia	Data do procedimento cirúrgico	Freq. de crise depois da cirurgia
1	2-3 vezes por mês	22/03/2018	2 crises em 6 meses
2	1-2 vezes por mês	10/11/2017	Sem crise há 10 meses
3	1-2 vezes por mês	03/05/2018	Sem crise há 4 meses

Descrição: Freq: Frequência. Os pacientes 1 e 3, pertencem ao grupo de indivíduos sem histórico de tratamento clínico para NCC. O paciente número 2 pertence ao grupo de indivíduos que realizaram tratamento clínico para NCC. Fonte: participantes do estudo/análise de dados.

Figura 24. Ilustração das imagens de RM e TC, pré e pós-cirúrgicos, dos cistos removidos cirurgicamente em cada paciente: 1. (2015-2018) A: RM, aquisição em SWI, plano axial, evidenciando cisto calcificado (imagem circular hipointensa); B: Sequência FLAIR, plano axial, mostrando cisto calcificado (imagem hipointensa); C: Imagem ponderada em T1, pós cirurgia, (lacuna cirúrgica). 2. (2016-2017) D: TC, plano axial, evidenciando pequena calcificação em lobo temporal esquerda (discreta hiperdensidade); E: RM, sequência FLAIR, plano axial, mostrando gliose ao redor do cisto calcificado (imagem gliótica hiperintensa, com hipointensidade central); F: RM, sequência T1, pós cirúrgicos (lacuna cirúrgica). 3. (2013-2018): G: TC, plano axial, evidenciando calcificação no lobo temporal direita (hiperdensidade); H: RM, sequência FLAIR, plano axial, mostrando gliose ao redor do cisto calcificado (imagem gliótica hiperintensa, com hipointensidade central); I: RM, sequência FLAIR, pós cirúrgicos (lacuna cirúrgica)

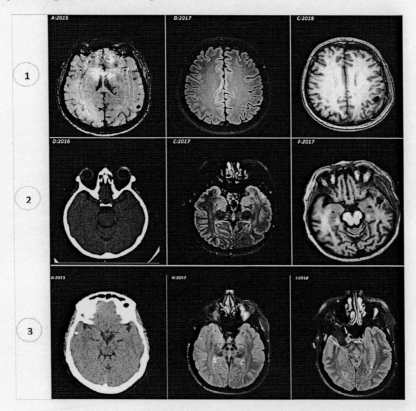

Fonte: participantes do estudo/análise de dados.

4.3.4 Discussão

As calcificações são a fase final da maioria dos cisticercos parenquimatosos e podem ocorrer de forma espontânea ou após um curso terapêutico com drogas anti-helmínticas (4). O albendazol é considerado o medicamento de escolha na terapêutica etiológica da NC (55), sobretudo nas fases vesicular e coloidal.

Em relação às lesões calcificadas, o habitual é não realizar nenhum tratamento com anti-helmínticos (4). Esse argumento é válido para os casos de cistos assintomáticos, pois sabemos que alguns apresentam-se como verdadeiros focos epileptogênicos. Assim, nos casos de pacientes que apresentam crises epilépticas potencialmente atribuídas à NCC, a conduta é tratar com DAE (7).

Alguns pacientes com cistos calcificados mantêm crises epilépticas, mesmo com uso adequado de antiepilépticos, contrariando o argumento de que a administração de uma única DAE resulta em um bom controle de crises (4).

Durante a realização deste estudo, três pacientes foram submetidos à lesionectomia de cisto calcificado. Dois tornaram-se livres de crises. Um teve melhora da frequência de crises, entretanto, voltou a ter dois episódios de crises epilépticas, provavelmente devido à presença de área residual de gliose, que pode contribuir para a manutenção das crises, mesmo que mais espaçadas. Resultados semelhantes têm sido reportado por outros autores, em um estudo em que se pretendia estudar a associação entre epilepsia refratária e neurocisticercose com cistos calcificados, incluindo a viabilidade e desfecho da recessão cirúrgica, os autores concluíram que 9 dos 11 pacientes que foram submetidos a procedimento cirúrgico para remoção de cistos calcificados ficaram livres de crise (2). Em outro estudo, os autores, ao estudarem retrospectivamente 250 pacientes que realizaram cirurgia de epilepsia, constataram que 6 foram por neurocisticercose e, destes, todos ficaram livres de crises (8). Nesses casos, acreditamos que no contexto clínico correto, em que se demonstre claramente epileptogenicidade dos cistos, sobretudo na ausência de outro fator que explica a ocorrência de tais eventos epilépticos, o tratamento cirúrgico deve ser considerado.

4.3.5 Conclusão

- Em relação aos pacientes avaliados, podemos concluir que eles evoluíram com melhora da frequência de crises.

4.3.6 Referências

1. Nash T. Edema surrounding calcified intracranial cysticerci: clinical manifestations, natural history, and treatment. Pathog Glob Health. 2012;106(5):275-9.

2. Rathore C, Thomas B, Kesavadas C, Abraham M, Radhakrishnan K. Calcified neurocysticercosis lesions and antiepileptic drug-resistant epilepsy: a surgically remediable syndrome? Epilepsia. 2013;54(10):1815-22.

3. Buttler JV. The rolw of epilepsy surgery in southern Africa. Acta Neuro Scand. 2005;112(181):12-6.

4. Fujita M, Mahanty S, Zoghbi SS, Ferraris Araneta MD, Hong J, Pike VW, et al. PET reveals inflammation around calcified Taenia solium granulomas with perilesional edema. PLoS One. 2013;8(9):e74052.

5. da Silva AV, Martins HH, Marques CM, Yacubian EM, Sakamoto AC, Carrete H Jr., et al. Neurocysticercosis and microscopic hippocampal dysplasia in a patient with refractory mesial temporal lobe epilepsy. Arq Neuropsiquiatr. 2006;64(2A):309-13.

6. Guimarães RR, Orsini M, Guimarães RR, Catharino AMS, Reis CHH, Silveira V, et al. Neurocisticercose: Atualização sobre uma antiga doença. Vev Neurocienc. 2010;18(4):581-94.

7. Raibagkar P, Berkowitz AL. The Many Faces of Neurocysticercosis. J Neurol Sci. 2018;390:75-6.

8. Butler JV. The role of epilepsy surgery in southern Africa. Acta Neuro Scand. 2005;112(181):12-6.

5

DISCUSSÃO GERAL

5.1 Relevância e originalidade do estudo

Pontos positivos do estudo:

1. Longo tempo de seguimento (1993-2018);
2. Observação seriada de exames de RM;
3. Análise visual das imagens de RM e volumetria dos hipocampos na mesma série.
4. Análise de vários fatores realizados em uma só coorte.

No presente estudo, fez-se análise do tamanho dos hipocampos dos pacientes e controles. Assim, observou-se que houve diferença significativa entre o volume da formação hipocampal dos indivíduos com NCC, em relação aos controles, indivíduos saudáveis, o que pode por si só inferir associação entre NCC e AH.

A probabilidade de associação entre NCC e AH tem sido cogitada há anos por vários autores, que estudaram a possibilidade de haver uma relação entre ambas (1, 67, 69-71). A hipótese torna-se ainda mais evidente, pois, neste estudo, constatou-se frequência elevada de AH (70%) nos indivíduos com NCC.

Resultados semelhantes têm sido relatados por outros autores, tendo, em um estudo em que se pretendia determinar a relação entre AH, NCCc e semiologia das crises epilépticas em pacientes com epilepsia, os autores observaram que a AH foi mais frequente nos pacientes com ELTM e calcificação parenquimatosas (atingindo 75% dos casos), em relação aos com epilepsia extratemporal (69). Em outro estudo populacional, os autores, ao avaliarem a associação entre NCC e AH em pessoas idosas que viviam em uma localidade endêmica para NCC, evidenciaram alta prevalência de AH nos indivíduos com NCC calcificada, em relação aos controles (indivíduos sem calcificação) (45). De igual modo, outros autores, ao avaliarem retrospectivamente 324 pacientes com ETLM-AH submetidos à lobectomia temporal para cirurgia de epilepsia, constataram alta prevalência de NCC calcifica, em 126/324(38,0%) dos casos estudados (59).

Durante as últimas décadas, relatos anedóticos e pequenas séries de casos, trouxeram este assunto (associação entre NCC e AH) à atenção da comunidade médica, descrevendo pacientes com ELTM refratária, cujos estudos de neuroimagem mostraram cisticercos granulares ou calcificados localizados no hipocampo ou nos tecidos vizinhos (67). Em alguns desses casos, os exames patológicos revelaram atrofia do hipocampo com perda neuronal na camada de CA1 e gliose, bem como a presença de uma intensa reação inflamatória no tecido cerebral em torno dos parasitas calcificados (3).

Evidências atuais mostram que a relação entre NCC e AH sempre coexistiu em um mesmo paciente, nas zonas endêmicas. Entretanto, a extensão dessa ocorrência permanece por ser determinada, por isso, em muitos casos é considerada apenas como "patologia dupla" (32, 33, 67, 59).

A maior parte das informações sobre uma possível associação vem de séries de pacientes com ELTM-AH que sugere uma relação de causa-efeito entre NCC e AH (3, 45, 59). Argumenta-se que, tal como acontece na crise febril prolongada durante a infância, a NCC funciona como uma "lesão precipitante inicial", que pode causar danos ao hipocampo, acarretando perda de neurónios e reorganização sináptica dos elementos celulares (11, 51, 69, 72, 73). Nesse contexto, tem sido sugerido que os cisticercos (degenerados ou calcificados) levam a AH por causarem descargas interictais repetitivas, crises clínicas e/ou subclínicas recorrentes ou eventualmente status epiléticos, o que resulta em ELTM-AH (45, 67, 74). Os parasitas não precisam estar necessariamente localizados dentro do sistema límbico, sugerindo um efeito deletério remoto de crises epilépticas reativas induzidas por NCC nos neurônios do hipocampo (67).

Por outro lado, lesões parasitárias cerebrais podem levar a dano do hipocampo, mediado por inflamação associada ou não à suscetibilidade genética (11, 55, 72).

Embora isso não tenha sido demonstrado em seres humanos, há evidências experimentais mostrando que a exposição repetida à endotoxina e o aumento dos níveis de citocinas pró-inflamatórias correlacionam-se com dano do hipocampo, apoiando a hipótese de atrofia ou lesão do hipocampo mediada por inflamação (3, 45).

Uma outra possibilidade é que a presença de AH nos pacientes com NCC pode ser apenas uma coincidência (59), o que ao nosso ver é menos provável, dada a alta prevalência relatada neste e em outros estudos (24, 67, 69).

Na cisticercose ativa, a inflamação que envolve os parasitas é o mecanismo mais comum para a ocorrência da crise epiléptica e em alguns casos a AH (45). Essa inflamação deve-se à agregação de linfócitos mononucleares, plamócitos e números variáveis de eosinófilos no local da lesão (75).

Estudos experimentais sugeriram que a injeção de material granulomatoso da Taenia Crassiceps, no hipocampo de camundongo, é altamente epileptogênico (36). Esses experimentos fornecem suporte de um envolvimento direito do hipocampo pelas respostas inflamatórias cerebral dos cisticercos em degeneração (67).

Nas imediações da lesão calcificada, a reação tecidual geralmente é constituída por gliose astrocítica e uma pequena borda de desmielinização. Os neurônios são afetados de forma variável e tendem a sofrer alterações degenerativas (75). Por isso, parece razoável supor que a inflamação no estágio de calcificação nodular seja de natureza similar à do estágio coloidal.

Ambas as situações (crises reativas), agudas e recorrentes, se repetidas, podem causar ELTM-AH. Além disso, os cisticercos degenerados e calcificados podem induzir diretamente a esclerose do hipocampo por danos mediados pela inflamação local ou remota dos neurónios do hipocampo, causando epilepsia refratária (3).

O formato deste estudo não permitiu estabelecer diretamente uma relação de causa-efeito entre NC e AH. Entretanto, em um caso dessa coorte, demonstrou-se que a atrofia de hipocampo deveu-se ao cisticerco degenerado, pois, no caso em questão, não havia AH antes da degeneração do cisticerco. No entanto, três anos depois, observou-se AH. Nesse caso, provavelmente o hipocampo foi diretamente afetado pela resposta inflamatória e gliose que se desenvolve em torno do cisto e/ou áreas adjacentes (67).

Ao comparar os grupos de pacientes (tratados e os não tratados para NCC), constatou-se uma maior prevalência de AH naqueles que apenas tiveram cistos calcificados, algo que pode inferir que o tratamento com anti-helmínticos funciona como um fator protetor. Por outro lado, a diferença entre ambos pode ser justificada pela alta prevalência da NCC calcificada em zonas endémicas (1) ou simplesmente por um viés de seleção de amostra. De modo geral, sabe-se que os pacientes tratados com anti-helmínticos apresentam melhor evolução em relação aos não tratados (64).

O sexo feminino apresentou maior prevalência de NCC em relação ao masculino. Dados semelhantes foram relatados em estudos sobre ELTM e NCC (55). De forma geral, sabe-se que a NCC é mais frequente em homens brasileiros, no entanto, são as mulheres que apresentam as formas mais graves da doença, caracterizadas por uma intensa reação inflamatória (15, 46, 74). No nosso caso, acreditamos que essa diferença seja mais por um viés de seleção de amostra.

Apesar de não se constatar associação entre ocorrência de novos episódios convulsivos e AH nos pacientes com NCC, houve um elevado número de indivíduos que apresentaram novas crises no período de estudo, sobretudo aqueles sem histórico de tratamento com anti-helmínticos. Por outro lado, houve associação entre ocorrência de novos episódios epilépticos e não tratamento para NCC. Esse fato tem sido relatado por outros autores que referem menor controle de crise nos pacientes não tratados para NCC, em relação aos tratados (41, 76). Acreditamos que os anti-helmínticos funcionem como um fator protetor para a ocorrência de novos eventos epilépticos. Contudo, neste estudo, outros fatores podem estar envolvidos, exemplo:

O primeiro pauta-se com a elevada frequência de AH em pacientes não tratados para NCC, conforme ilustrado nos parágrafos anteriores. A ELTM-AH é frequentemente resistente ao tratamento farmacológico e os pacientes podem atingir o estado de isenção de crise somente após o tratamento cirúrgico (11).

Em segundo lugar, esse fato pode estar relacionado com o próprio mecanismo de involução da cisticercose, associada à alta frequência de NCC calcificada nas zonas endémicas e, entre esses, o elevado número de indivíduos com crise epilética (77).

Em um estudo prospectivo que avaliou a associação entre epilepsia resistente à DAE e NCC calcificada, os autores concluíram que a NCCc é causa potencial de epilepsia resistente à DAE e que a presença de gliose perilesional contribui para a epileptogenicidade dessas lesões (40). Para além disso, outros autores têm reforçado a ideia de que a presença de gliose pericalcificação é um fator preditor de recorrência de crises (52, 59, 78-80).

Tem sido postulado que modificações na estrutura e propriedades astrogliais podem influenciar a atividade neuronal, alterando, assim, o volume e o ambiente químico do espaço extracelular, incluindo o desenvolvimento de junções comunicantes, com permeabilidade alterada dos canais iónicos e alterações eletrolíticas (81).

A epileptogenicidade dos cistos calcificados ainda não é clara, pois nem todos os cistos são epileptogênicos. Isso pode ser confirmado, ao avaliarmos estudos que envolvem pacientes seguidos ambulatorialmente por cefaleia e/ou epilepsia, onde os autores não relatam crises epilépticas nos pacientes seguidos por cefaleia, não obstante, apresentarem calcificações no exame de TC (71). Entretanto, no contexto clínico correto, em que se confirma epileptogenicidade dos cistos calcificados, em pacientes resistentes à DAE, a remoção cirúrgica dos cistos calcificados pode ser considerada, pois alguns estudos demonstraram bom controle de crises (40, 68).

Os cisticercos localizam-se com maior frequência nos lobos frontais e parietais (82). Este estudo não demonstrou associação entre a localização dos cisticercos calcificados e a ocorrência de AH. Entretanto, em outro estudo, ao avaliar-se as características da ELTM-AH mais NCCc, os autores concluíram que lesões de NCCc únicas ocorreram significativamente com mais frequência do mesmo lado da AH, sugerindo uma relação anatômica entre NCCc e AH, o que estaria de acordo com o conceito de que processos inflamatórios parecem estar relacionados à patogênese da ELTM-AH e sugerem que os mecanismos inflamatórios podem ser importantes no desenvolvimento da ELTM-AH (55).

Observou-se associação entre ocorrência de crise epiléptica e a presença de edema perilesional. Resultados semelhantes têm sido apresentados por outros autores, demonstrando claramente associação entre edema pericalcificação e evento de crise epiléptica (53,77, 83).

O curso natural da lesão cerebral por NCC pode ser dividido em quatro estágios: vesicular, coloidal, nodular e de calcificação (75). Os granulomas calcificados não são todos iguais, alguns podem ser epileptogênicos e outros não (30).

Dados recentes mostram que os cisticercos calcificados não são totalmente inertes, pois podem causar crises epilépticas recorrentes, quando os antígenos parasitários presos na matriz de cálcio são expostos ao sistema imune do hospedeiro, devido a um possível processo de remodelação (30).

Uma explicação plausível é que as lesões calcificadas podem diferir na maneira, quantidade, na forma de deposição de cálcio, no grau de antígenos reconhecidos pelo hospedeiro, no nível de inflamação residual ou pela proximidade de um vaso sanguíneo (77), o que pode favorecer a ocorrência de edema perilesional. Por outro lado, fatores genéticos também podem estar relacionados (24).

Cerca de metade dos pacientes com história recente de convulsão e apenas com lesão calcificada desenvolvem edema perilesional no momento da recorrência da crise epiléptica (30). Alguns atestam que esse fato é devido à disfunção da barreira hematoencefálica, provavelmente pela presença de inflamação e/ou gliose perilesional, condicionada à resposta do hospedeiro ao antígeno de parasita libertado ou recém-reconhecido e/ou a regulação positiva da resposta imune do hospedeiro (30).

Existem descrições de que o exame histopatológico de uma calcificação associada a múltiplos episódios de edema perilesional revelou inflamação significativa, o que suporta o conceito de que o edema é de natureza inflamatória (30).

Alguns autores defendem que o edema perilesional seja resultado de um processo inflamatório dirigido ao antígeno de parasita sequestrado (74), por isso, defendem medidas específicas para limitar o processo de inflamação que pode ser usado para tratar ou prevenir complicações (30).

Outra hipótese é de que o edema perilesional ocorre como uma consequência da atividade convulsiva (43). Entretanto, existem diferenças entre o edema associado à convulsão e o perilesional, sendo o primeiro mais difuso, sem área de atividade máxima definida, presumivelmente causado pela perda de fluidos por células danificadas, enquanto que o segundo apresenta um ponto máximo, quase sempre acompanhado de realce pós-contraste, de provável origem vasogênica (30). De fato, parece ser o caso do edema da calcificação que se assemelha fortemente à resposta inflamatória aos cistos degenerados não calcificados.

De modo geral, o edema em torno da calcificação após crise epiléptica é considerado uma forma evidente de que a lesão esteja associada à manifestação epiléptica (12, 40).

Outro dado que envolve os cistos calcificados é o realce ao contraste, observados em alguns cistos considerados epileptogênicos. Algo que o nosso estudo não demonstrou (Capítulo 1), divergindo em parte, do caso relatado por nós (Capítulo 2), onde de forma intermitente um paciente apresentou lesão calcificada, com impregnação de contraste, relacionada à ocorrência de crises epilépticas.

Por outro lado, um outro estudo prospectivo analisou imagens de RM de pacientes com NCC ativa, tendo os autores constatado que 38% das lesões continuaram a captar contraste mesmo depois da calcificação completa das mesmas (75). Esse fato foi relacionado com a ocorrência de crises epilépticas (75).

As evidências atuais sugerem que as lesões deixam de captar ao atingirem o estágio de calcificação, entretanto os nossos dados demostraram um número elevado de pacientes que mantiveram lesões calcificadas com realce ao contraste.

É possível que algumas das lesões que consideramos calcificadas estejam em um processo de mineralização, portanto na fase granular e não totalmente calcificadas.

O significado clínico do realce ao contraste, no estágio de calcificação nodular, não é claro, particularmente porque o mesmo paciente geralmente possui outras lesões que não captam contraste. Entretanto, acreditamos que existe alguma relação entre a ocorrência de crises e as lesões que realçam o contraste, algo que este estudo não demonstrou. Essa situação em parte pode ser justificada pelo fato de não constar do protocolo de aquisição de imagens, a injeção de contraste nos pacientes que apenas apresentam cisticercose calcificada, sem histórico de lesões ativas.

5.2 Limitações do estudo

Para a realização deste trabalho, tivemos algumas limitações:

1. Os indivíduos considerados como grupo controle, não realizaram TC de crânio. Esse fato é limitante, pois, tratando-se de habitantes de área endémicas, é provável que alguns deles tenham cistos calcificados;
2. Ausência de exames (TC ou RM) da fase aguda da doença;
3. A definição de presença de crise não levou em conta eventuais fatores precipitantes para a ocorrência de crise;

4. A presença de relatórios pouco detalhistas em relação ao número e à localização exata dos cistos levou-nos a excluir pacientes cujos resultados não foram confirmados na TC de crânio.

Para superar tais limitações, estudos longitudinais prospectivos devem ser considerados, buscando estabelecer uma relação de causa-efeito entre NCC e AH, bem como caracterizar melhor a evolução dos pacientes com NCCc e a sua relação com a ocorrência de crises epilépticas resistente à DAE.

6

CONCLUSÕES

- Apesar de não ser possível definir relação de causa e efeito, este estudo dá suporte indireto à hipótese de que a neurocisticercose possa ser um dos fatores causais de esclerose hipocampal;
- O tratamento dos cistos viáveis de NCC com anti-helmínticos e corticosteróides parece reduzir a ocorrência de epilepsia;
- Não houve diferença significativa na frequência de atrofia hipocampal entre pacientes tratados e não tratados para NCC, porém houve uma tendência para maior grau de AH nos pacientes não tratados;
- Houve associação entre a presença de edema perilesional e a ocorrência de novos episódios de crises epilépticas, podendo ser esse um marcador biológico para definir foco epileptogênico em epilepsias focais com calcificações por NCC;
- Alguns cistos podem permanecer na fase granular por longos períodos, enquanto outros cistos calcificados podem apresentar características epileptogênicas.

7

REFERÊNCIAS

1. Oliveira MC, Martin MG, Tsunemi MH, Vieira G, Castro LH. Small calcified lesions suggestive of neurocysticercosis are associated with mesial temporal sclerosis. Arq Neuropsiquiatr. 2014;72(7):510-516.

2. Dias MD, Alves L, Tovar-Moll F, Peralta RHS, Peralta JM, Puccioni-Sohler M. Persistence of viable cysts in Neurocysticercosis: a serial imaging study. Rev Bras Neurol. 2010;46(4):13-6.

3. Del Brutto OH, Engel J Jr., Eliashiv DS, Garcia HH. Update on Cysticercosis Epileptogenesis: the Role of the Hippocampus. Curr Neurol Neurosci Rep. 2016;16(1):1.

4. Guimarães RR, Orsini M, Guimarães RR, Catharino AMS, Reis CHH, Silveira V, et al. Neurocisticercose: Atualização sobre uma antiga doença. Rev Neurocienc. 2010 [cited 2018 Agu. 20];18(4):581-94.

5. Takayanagui OM, Leite JP. Neurocisticercose. Revista da Sociedade Brasileira de Medicina Tropical. 2001;34(3):283-90.

6. Dorny P, Brandt J, Zoli A, Geerts S. Immunodiagnostic tools for human and porcine cysticercosis. Acta Trop. 2003;87(1):79-86.

7. Sousa LMC. Estudo coproparasitológico e epidemiológico do complexo teníase-cisticercose em habitantes do município de Marizópolis-Paraíba [dissertação]. Universidade Federal da Paraíba; 2015.

8. Ganc AJ, Cortez TL, Veloso PPA. A Carne Suína e suas implicações no complexo teniáse-cisticercose [internet]. [cited 2018 Ago. 14]. Available from: http://www.conhecer.org.br/download/DOEnaLIM/leitura%202.pdf.

9. Garcia HH, Del Brutto OH. Cysticercosis Working Group in P. Neurocysticercosis: updated concepts about an old disease. Lancet Neurol. 2005;4(10):653-61.

10. Costa-Cruz JM, Rocha A, Silva AM, De Moraes AT, Guimaraes AH, Salomao EC, et al. Occurrence of cysticercosis in autopsies performed in Uberlandia, Minas Gerais, Brazil. Arq Neuropsiquiatr. 1995;53(2):227-32.

11. Bianchin MM, Velasco TR, Santos AC, Sakamoto AC. On the relationship between neurocysticercosis and mesial temporal lobe epilepsy associated with hippocampal sclerosis: coincidence or a pathogenic relationship? Pathog Glob Health. 2012;106(5):280-5.

12. Bonilha L, Rorden C, Castellano G, Cendes F, Li LM. Voxel-based morphometry of the thalamus in patients with refractory medial temporal lobe epilepsy. Neuroimage. 2005;25(3):1016-21.

13. Agapejev S. Epidemiology of neurocysticercosis in Brazil. Rev Inst Med Trop Sao Paulo. 1996;38(3):207-16.

14. Ndimubanzi PC, Carabin H, Budke CM, Nguyen H, Qian YJ, Rainwater E, et al. A systematic review of the frequency of neurocyticercosis with a focus on people with epilepsy. PLoS Negl Trop Dis. 2010;4(11):e870.

15. Agapejev S. Clinical and epidemiological aspects of neurocysticercosis in Brazil: a critical approach. Arq Neuropsiquiatr. 2003;61(3B):822-8.

16. Osborn AG. Encefalo de Osborn: Imagem, Patologia e Anatomia. Porto Alegre: Artmed; 2014.

17. Carpio A. Neurocysticercosis: an update. Lancet Infect Dis. 2002;2(12):751-62.

18. Assane YA, Trevisan C, Schutte CM, Noormahomed EV, Johansen MV, Magnussen P. Neurocysticercosis in a rural population with extensive pig production in Angonia district, Tete Province, Mozambique. Acta Trop. 2017;165:155-60.

19. Case records of the Massachusetts General Hospital. Weekly clinicopathological exercises. Case 24-2000. A 23-year-old man with seizures and a lesion in the left temporal lobe. N Engl J Med. 2000;343(6):420-7.

20. Pal DK, Carpio A, Sander JW. Neurocysticercosis and epilepsy in developing countries. J Neurol Neurosurg Psychiatry. 2000;68(2):137-43.

21. Leon A, Saito EK, Mehta B, McMurtray AM. Calcified parenchymal central nervous system cysticercosis and clinical outcomes in epilepsy. Epilepsy Behav. 2015;43:77-80.

22. Meguins LC, Adry RA, Silva Junior SC, Pereira CU, Oliveira JG, Morais DF, et al. Longer epilepsy duration and multiple lobe involvement predict worse seizure outcomes for patients with refractory temporal lobe epilepsy associated with neurocysticercosis. Arq Neuropsiquiatr. 2015;73(12):1014-8.

23. Costa FAO, Fabião OM, Schmidt FO, Fontes AT. Neurocysticercosis of the Left Temporal Lobe with epileptic and prsychiatric manifestations: case report. Journal of Epilepsy and Neurophysiology. 2007;13(4):183-5.

24. Rathore C, Thomas B, Kesavadas C, Radhakrishnan K. Calcified neurocysticercosis lesions and hippocampal sclerosis: potential dual pathology? Epilepsia. 2012;53(4):e60-2.

25. Carpio A, Hauser WA. Prognosis for seizure recurrence in patients with newly diagnosed neurocysticercosis. Neurology. 2002;59(11):1730-4.

26. Villaran MV, Montano SM, Gonzalvez G, Moyano LM, Chero JC, Rodriguez S, et al. Epilepsy and neurocysticercosis: an incidence study in a Peruvian rural population. Neuroepidemiology. 2009;33(1):25-31.

27. Garcia HH, Gonzales I, Lescano AG, Bustos JA, Zimic M, Escalante D, et al. Efficacy of combined antiparasitic therapy with praziquantel and albendazole for neurocysticercosis: a double-blind, randomised controlled trial. Lancet Infect Dis. 2014;14(8):687-95.

28. Bianchin MM, Velasco TR, Takayanagui OM, Sakamoto AC. Neurocysticercosis, mesial temporal lobe epilepsy, and hippocampal sclerosis: an association largely ignored. Lancet Neurol. 2006;5(1):20-1.

29. Velasco TR, Zanello PA, Dalmagro CL, Araujo D Jr., Santos AC, Bianchin MM, et al. Calcified cysticercotic lesions and intractable epilepsy: a cross sectional study of 512 patients. J Neurol Neurosurg Psychiatry. 2006;77(4):485-8.

30. Nash T. Edema surrounding calcified intracranial cysticerci: clinical manifestations, natural history, and treatment. Pathog Glob Health. 2012;106(5):275-9.

31. diseases WDocont. Preventable Epilpey: Taenia solium Infection Burdens Economies, societies and individuals. A Rationale for investiment and action. WHO/ Neglected tropical disease. 2016:1-30.

32. Wichert-Ana L, Velasco TR, Terra-Bustamante VC, Alexandre V Jr., Walz R, Bianchin MM, et al. Surgical treatment for mesial temporal lobe epilepsy in the presence of massive calcified neurocysticercosis. Arch Neurol. 2004;61(7):1117-9.

33. Sakamoto AC, Bustamante VCT, Garzon A, Takayanagui OM, Santos AC, Fernandes RMF, et al. Cysticercosis and Epilepsies. The Epilepsies: Etiologies and Prevention. 1999(33):275-85.

34. Rodriguez S, Wilkins P, Dorny P. Immunological and molecular diagnosis of cysticercosis. Pathog Glob Health. 2012;106(5):286-98.

35. Carpio A, Romo ML. Multifactorial basis of epilepsy in patients with neurocysticercosis. Epilepsia. 2015;56(6):973-4.

36. Stringer JL, Marks LM, White JAC, Robinson P. Epileptogenic activity of granulomas associated with murine cysticercosis. Experimental Neurology. 2003;183:532-6.

37. Ngugi AK, Kariuki SM, Bottomley C, Kleinschmidt I, Sander JW, Newton CR. Incidence of epilepsy: a systematic review and meta-analysis. Neurology. 2011;77(10):1005-12.

38. Bruno E, Bartoloni A, Zammarchi L, Strohmeyer M, Bartalesi F, Bustos JA, et al. Epilepsy and neurocysticercosis in Latin America: a systematic review and meta-analysis. PLoS Negl Trop Dis. 2013;7(10):e2480.

39. Sander JW. The epidemiology of epilepsy revisited. Curr Opin Neurol. 2003;16(2):165-70.

40. Rathore C, Thomas B, Kesavadas C, Abraham M, Radhakrishnan K. Calcified neurocysticercosis lesions and antiepileptic drug-resistant epilepsy: a surgically remediable syndrome? Epilepsia. 2013;54(10):1815-22.

41. Romo ML, Wyka K, Carpio A, Leslie D, Andrews H, Bagiella E, et al. The effect of albendazole treatment on seizure outcomes in patients with symptomatic neurocysticercosis. Trans R Soc Trop Med Hyg. 2015;109(11):738-46.

42. Fujita M, Mahanty S, Zoghbi SS, Ferraris Araneta MD, Hong J, Pike VW, et al. PET reveals inflammation around calcified Taenia solium granulomas with perilesional edema. PLoS One. 2013;8(9):e74052.

43. Nash TE, Del Brutto OH, Butman JA, Corona T, Delgado-Escueta A, Duron RM, et al. Calcific neurocysticercosis and epileptogenesis. Neurology. 2004;62(11):1934-8.

44. Balthazar MLF, Kobayashi E, Dantas CR, Ghizoni E, Marques LHN, Santos SLM, et al. Neurocysticercosis Calcifications in Patients With Partial Epilepsy: Is there Etiological Relevance? Jornal Epilepsy Aclinical Neurophysiology. 2002;8(4):217-20.

45. Del Brutto OH, Salgado P, Lama J, Del Brutto VJ, Campos X, Zambrano M, et al. Calcified neurocysticercosis associates with hippocampal atrophy: a population-based study. Am J Trop Med Hyg. 2015;92(1):64-8.

46. Carpio A, Fleury A, Hauser WA. Neurocysticercosis: Five new things. Neurol Clin Pract. 2013;3(2):118-25.

47. Escalaya AL, Burneo JG. Epilepsy surgery and neurocysticercosis: Assessing the role of the cysticercotic lesion in medically-refractory epilepsy. Epilepsy Behav. 2017;76:178-81.

48. Carpio A, Escobar A, Hauser WA. Cysticercosis and epilepsy: a critical review. Epilepsia. 1998;39(10):1025-40.

49. Carpio A, Fleury A, Romo ML, Abraham R, Fandino J, Duran JC, et al. New diagnostic criteria for neurocysticercosis: Reliability and validity. Ann Neurol. 2016;80(3):434-42.

50. Garcia HH, Del Brutto OH. Imaging findings in neurocysticercosis. Acta Trop. 2003;87(1):71-8.

51. Kobayashi E, Guerreiro CA, Cendes F. Late onset temporal lobe epilepsy with MRI evidence of mesial temporal sclerosis following acute neurocysticercosis: case report. Arq Neuropsiquiatr. 2001;59(2-A):255-8.

52. Gupta RK, Kathuria MK, Pradhan S. Magnetisation transfer magnetic resonance imaging demonstration of perilesional gliosis--relation with epilepsy in treated or healed neurocysticercosis. Lancet. 1999;354(9172):44-5.

53. Singh AK, Garg RK, Rizvi I, Malhotra HS, Kumar N, Gupta RK. Clinical and neuroimaging predictors of seizure recurrence in solitary calcified neurocysticercosis: A prospective observational study. Epilepsy Res. 2017;137:78-83.

54. da Silva AV, Martins HH, Marques CM, Yacubian EM, Sakamoto AC, Carrete H Jr., et al. Neurocysticercosis and microscopic hippocampal dysplasia in a patient with refractory mesial temporal lobe epilepsy. Arq Neuropsiquiatr. 2006;64(2A):309-13.

55. Bianchin MM, Velasco TR, Wichert-Ana L, Alexandre V Jr., Araujo D Jr., dos Santos AC, et al. Characteristics of mesial temporal lobe epilepsy associated with hippocampal sclerosis plus neurocysticercosis. Epilepsy Res. 2014;108(10):1889-95.

56. Carpio A, Romo ML. The relationship between neurocysticercosis and epilepsy: an endless debate. Arq Neuropsiquiatr. 2014;72(5):383-90.

57. Deckers N, Dorny P. Immunodiagnosis of Taenia solium taeniosis/cysticercosis. Trends Parasitol. 2010;26(3):137-44.

58. Raibagkar P, Berkowitz AL. The Many Faces of Neurocysticercosis. J Neurol Sci. 2018;390:75-6.

59. Bianchin MM, Velasco TR, Coimbra ER, Gargaro AC, Escorsi-Rosset SR, Wichert-Ana L, et al. Cognitive and surgical outcome in mesial temporal lobe epilepsy associated with hippocampal sclerosis plus neurocysticercosis: a cohort study. PLoS One. 2013;8(4):e60949.

60. Coan AC, Kubota B, Bergo FP, Campos BM, Cendes F. 3T MRI quantification of hippocampal volume and signal in mesial temporal lobe epilepsy improves detection of hippocampal sclerosis. AJNR Am J Neuroradiol. 2014;35(1):77-83.

61. Cendes F, Sakamoto AC, Spreafico R, Bingaman W, Becker AJ. Epilepsies associated with hippocampal sclerosis. Acta Neuropathol. 2014;128(1):21-37.

62. Kobayashi E, Li LM, Lopes-Cendes I, Cendes F. Magnetic resonance imaging evidence of hippocampal sclerosis in asymptomatic, first-degree relatives of patients with familial mesial temporal lobe epilepsy. Arch Neurol. 2002;59(12):1891-4.

63. Thom M. Review: Hippocampal sclerosis in epilepsy: a neuropathology review. Neuropathol Appl Neurobiol. 2014;40(5):520-43.

64. Togoro SY, de Souza EM, Sato NS. Laboratory diagnosis of neurocysticercosis: review and perspectives. J Bras Patol Med Lab. 2012;48(5):345-55.

65. Bianchin MM, Velasco TR, Wichert-Ana L, dos Santos AC, Sakamoto AC. Understanding the association of neurocysticercosis and mesial temporal lobe epilepsy and its impact on the surgical treatment of patients with drug-resistant epilepsy. Epilepsy Behav. 2017;76:168-77.

66. Lewis DV. Losing neurons: selective vulnerability and mesial temporal sclerosis. Epilepsia. 2005;46 Suppl 7:39-44.

67. Singla M, Singh P, Kaushal S, Bansal R, Singh G. Hippocampal sclerosis in association with neurocysticercosis. Epileptic Disord. 2007;9(3):292-9.

68. Butler JV. The role of epilepsy surgery in southern Africa. Acta Neuro Scand. 2005;112(181):12-6.

69. da Gama CN, Kobayashi E, Li LM, Cendes F. Hippocampal atrophy and neurocysticercosis calcifications. Seizure. 2005;14(2):85-8.

70. Chung CK, Lee SK, Chi JG. Temporal lobe epilepsy caused by intrahippocampal calcified cysticercus: a case report. J Korean Med Sci. 1998;13(4):445-8.

71. Taveira OM, Morita ME, Yasuda CL, Coan AC, Secolin R, da Costa ALC, et al. Neurocysticercotic Calcifications and Hippocampal Sclerosis: A Case-Control Study. PLoS One. 2015;10(7):e0131180.

72. Singh G, Burneo JG, Sander JW. From seizures to epilepsy and its substrates: neurocysticercosis. Epilepsia. 2013;54(5):783-92.

73. Gripper LB, Welburn SC. The causal relationship between neurocysticercosis infection and the development of epilepsy - a systematic review. Infect Dis Poverty. 2017;6(1):31.

74. Bianchin MM, Velasco TR, Wichert-Ana L, Araujo D, Jr., Alexandre V Jr., Scornavacca F, et al. Neuroimaging observations linking neurocysticercosis and mesial temporal lobe epilepsy with hippocampal sclerosis. Epilepsy Res. 2015;116:34-9.

75. Sheth TN, Pillon L, Keystone J, Kucharczyk W. Persistent MR contrast enhancement of calcified neurocysticercosis lesions. AJNR Am J Neuroradiol. 1998;19(1):79-82.

76. Vazquez V, Sotelo J. The course of seizures after treatment for cerebral cysticercosis. N Engl J Med. 1992;327(10):696-701.

77. Nash TE, Pretell EJ, Lescano AG, Bustos JA, Gilman RH, Gonzalez AE, et al. Perilesional brain oedema and seizure activity in patients with calcified neurocysticercosis: a prospective cohort and nested case-control study. Lancet Neurol. 2008;7(12):1099-105.

78. Pradhan S, Kathuria MK, Gupta RK. Perilesional gliosis and seizure outcome: a study based on magnetization transfer magnetic resonance imaging in patients with neurocysticercosis. Ann Neurol. 2000;48(2):181-7.

79. Pradhan S, Kumar R, Gupta RK. Intermittent symptoms in neurocysticercosis: could they be epileptic? Acta Neurol Scand. 2003;107(4):260-6.

80. Agarwal A, Raghav S, Husain M, Kumar R, Gupta RK. Epilepsy with focal cerebral calcification: role of magnetization transfer MR imaging. Neurol India. 2004;52(2):197-9.

81. de Souza A, Nalini A, Kovoor JM, Yeshraj G, Siddalingaiah HS, Thennarasu K. Perilesional gliosis around solitary cerebral parenchymal cysticerci and long-term seizure outcome: a prospective study using serial magnetization transfer imaging. Epilepsia. 2011;52(10):1918-27.

82. Terra-Bustamante VC, Coimbra ER, Rezek KO, Escorsi-Rosset SR, Guarnieri R, Dalmagro CL, et al. Cognitive performance of patients with mesial temporal lobe epilepsy and incidental calcified neurocysticercosis. J Neurol Neurosurg Psychiatry. 2005;76(8):1080-3.

83. Nash TE, Pretell J, Garcia HH. Calcified cysticerci provoque perilesional edema and seizures. Clinical infectious diseases. 2001;33(10):1649-53.